现代通信系统

陈　欣　尼洪涛　许倩倩◎主编

中国建材工业出版社
北　京

图书在版编目（CIP）数据

现代通信系统/陈欣，尼洪涛，许倩倩主编. --北京：中国建材工业出版社，2024.12
ISBN 978-7-5160-4084-3

Ⅰ.①现… Ⅱ.①陈… ②尼… ③许… Ⅲ.①通信系统—教材 Ⅳ.①TN914

中国国家版本馆 CIP 数据核字(2024)第 055527 号

内 容 简 介

本书属于电子信息类学科教材，在阐述通信与数据通信发展、通信网与通信信道特性，以及通信系统的组成与分类后，对短波通信系统、光通信系统、卫星通信系统以及移动通信系统进行全面介绍，阐述现代通信的业务与终端。本教材系统全面、结构合理，内容充分反映本学科领域的最新科技成果，深入浅出地阐述现代通信系统的基本原理和基本方法，可以让学生掌握现代通信技术知识和解决实际问题的能力，为后续课程的学习打下必要的基础。

现代通信系统
XIANDAI TONGXIN XITONG
陈　欣　尼洪涛　许倩倩　主编

出版发行：中国建材工业出版社
地　　址：北京市西城区白纸坊东街2号院6号楼
邮政编码：100054
经　　销：全国各地新华书店
印　　刷：北京四海锦诚印刷技术有限公司
开　　本：787mm×1092mm　1/16
印　　张：7.5
字　　数：140 千字
版　　次：2025 年 3 月第 1 版
印　　次：2025 年 3 月第 1 次
定　　价：88.00 元

本社网址：www.jskjcbs.com，微信公众号：zgjskjcbs

前　言

随着科技的不断发展，现代通信系统在过去几十年里取得了巨大的进步和演变。通信系统是人类社会相互连接的桥梁，它不断地改变着我们生活和工作的方式。从最初的电话到如今的无线网络和互联网，通信技术已经成为全球性的基础设施，贯穿于人们日常生活的各个方面，也深刻地影响了人们的交流方式和信息获取途径。

现代通信系统的应用日益广泛，从个人通信到商业应用，从医疗保健到交通运输，通信技术无处不在。人们可以通过手机、电脑、智能设备等多种方式进行沟通交流，企业则借助通信技术来提高生产效率和服务质量。医疗领域利用通信技术进行远程诊断和医疗咨询，而智能交通系统则依赖通信技术来实现交通管理和车辆自动化控制。然而，随着通信技术的飞速发展，也带来了一些挑战和问题。

本书不仅关注技术层面，更着眼于通信系统对人们日常生活、商业模式和全球互联的重要性。在信息时代，了解通信系统的运作方式、发展趋势以及未来的可能性，将有助于人们更好地把握时代变化。本书从理论基础出发，逐步引导读者深入了解现代通信系统的关键技术，使读者能够更全面地理解和应用这些知识。透过本教材，读者将探索通信技术的基础原理、核心概念和最新进展。

本教材系统全面、结构合理，内容充分反映本学科领域的最新科技成果，且深入浅出地阐述现代通信系统的基本原理和基本方法，可以让学生掌握现代通信技术知识和解决实际问题的能力，为后续课程的学习奠定必要的基础。在编写本教材的过程中，笔者得到多位专家学者的支持与指导，在此致以诚挚的谢意。本教材难免存在遗漏之处，恳请广大专家、读者予以指正与补充。

编　者

2024 年 6 月

目　　录

第一章　通信系统基础

学习目标：

1. 了解通信与数据通信的发展特点。
2. 掌握通信通道的内涵与基本特性。
3. 了解通信系统的组成与不同分类方法。

第一节　通信与数据通信发展

一、通信的发展

一般而言，通信是指不在同一地点的双方或多方之间进行迅速有效的信息传递。我国古代的烽火示警以及古希腊用火炬位置表示字母等，都是人类最早的利用光或声音进行通信的实例。当然，这些原始通信方式在传输距离的远近，以及速度的快慢等方面都不能和今天的通信方式相提并论。各种各样的通信方式中，利用电磁波或光波来传递各种消息的通信方法就是人们通常所说的电信。由于电信具有信息传递迅速、准确、可靠，而且几乎不受时间和空间距离限制等特点，电信技术得到了飞速发展和广泛应用。现在的“通信”通常意义上都是指“电信”。因此，现代通信指利用光、电技术手段，借助光波或电磁波，实现从一地向另一地迅速而准确的信息传递或交换。

人类自存在以来，为了生存从未停止过劳动，而这一过程是必须要进行思想交流和信息传递的，所以有人类就有通信。最初，人类利用表情和动作进行信息交换，这就是最原始的通信。在漫长的生活和劳动进化中，人类创造了语言和文字，进而用它们进行消息的传递，并一直沿用至今。在电信号出现之前，人们还创造了许多种消息传递的方式，如古代的烽火台、金鼓、旌旗，航行用的信号灯等。从 1800 年意大利物理学家亚历桑德罗·伏特发明现代电池以来，人们就开始试图利用电来进行通信了。

1844 年，莫尔斯发明了有线电报；1876 年，贝尔利用电磁感应原理发明了电话机；1864 年，麦克斯韦预言了电磁波辐射的存在，1888 年，赫兹通过试验加以证实；20 世纪初，出现了用消息的电信号去控制高频正弦信号的振幅的调制方式；1936 年，频率调制（FM）技术诞生；从 1928 年奈奎斯特定理被提出；1937 年，瑞维斯发明 PCM（脉冲编码调制）通信；1948 年晶体管出现，贝尔实验室于 1950 年试制出第一台实用 PCM 设备；1955 年，皮尔斯提出了卫星通信的设想；1960 年，人类历史上第一颗通信卫星发射成功；20 世纪 60 年代，出现了电缆电视、激光通信/雷达、计算机网络和数字技术，光电处理技术和射电天文学飞速发展；20 世纪 70 年代，大规模集成电路、商用卫星通信、程控数字交换机、光纤通信、微处理机迅猛发展；20 世纪 80 年代，超大规模集成电路、移动通信、光纤通信得到广泛应用，综合业务数字网迅速崛起；1990 年以后，卫星通信、移动通信和光纤通信进一步飞速发展，高清晰彩色数字电视技术不断成熟，全球定位系统①得到广泛应用。目前，有线通信、无线通信都在向传输大数据发展，一场新的通信革命即将到来，我们的生活方式也将随之而改变。

二、数据通信的发展

数据通信的发展主要集中表现为以下五个特点。

第一，应用范围与应用规模的扩大，新的应用业务，如电子购物、多媒体通信等不断涌现。

第二，随着用户需求的增加，通信量也不断增大，网络已向高速、宽带、综合的方向发展，如光纤通信、综合业务数字网、ATM 等都已进入实用阶段。

第三，随着移动用户需求的增加，移动式数据通信已迅速发展起来。

第四，随着网络与系统规模的不断扩大，实现各种不同类型的网络、系统的互连已日趋重要。

第五，通信协议标准大量增加，协议工程技术日益发展。

---

① 全球定位系统（Global Positioning System，GPS），是一种以人造地球卫星为基础的高精度无线电导航的定位系统。它在全球任何地方以及近地空间都能够提供准确的地理位置、车行速度及精确的时间信息。

第二节　通信网与通信信道特性

一、通信网的认知

通信网就是由一定数量的节点（包括终端设备和交换设备）和连接节点的传输链路有机地组合在一起，协同工作，以实现两个或多个用户间信息传输的通信体系。换言之，通信网是相互依存、相互制约的许多要素组成用以完成规定功能的有机整体。通信网的功能就是要适应用户呼叫的需要，以用户满意的程度传输网内任意两个或多个用户之间的信息。

（一）通信网的类型划分

通信网从不同的角度可以分为不同的种类，主要有以下五类划分方法。

第一，根据业务种类，通信网可以分为电话网、电报网、传真网、广播电视网、数据网等。

第二，根据所传输信号的形式，通信网可以分为数字网和模拟网。

第三，根据组网方式，通信网可以分为固定通信网和移动通信网。

第四，根据服务范围，通信网可以分为本地网、长途网和国际网。

第五，根据运营方式，通信网可以分为公用通信网和专用通信网。

（二）通信网的构成要素

通信网的基本构成要素（硬件）是终端设备、传输链路和交换设备。

1. 通信网的终端设备

终端设备是用户与通信网之间的接口设备，除了对应模型中的信源和信宿，还包括一部分变换和反变换装置。终端设备的功能主要有以下 3 项。

（1）将待传送的信息和传输链路上传送的信号进行相互转换，在发送端将信源产生的信息转换成适合于传输链路上传送的信号，在接收端则完成相反的变换。

（2）对信号进行处理，使其与传输链路相匹配，由信号处理设备完成。

（3）完成信令的产生和识别，即产生和识别网内所需的信令，以完成一系列的控制作用。

2. 通信网的交换设备

交换设备是现代通信网的核心要素，其基本功能是完成接入交换节点链路的汇集、转接接续和分配，实现一个呼叫终端（用户）和它所要求的另一个或多个用户终端之间的路由选择的连接。交换设备的交换方式可以分为两大类，即电路交换方式和存储转发交换方式。

3. 通信网的传输链路

传输链路是网络节点的连接媒体，也是信息和信号的传输通路，除了主要对应通信系统模型中的信道部分，还包括一部分变换和反变换装置。传输链路具有波形变换、调制解调、多路复用、发信和收信等功能。传输链路有多种不同的实现方式，最简单的传输链路就是简单的线路，如明线、电缆等，它们一般用于市内电话网用户端链路和局间中继链路。另外，载波传输系统、脉冲编码调制（Pulse Code Modulation，PCM）传输系统、数字微波传输系统、光纤传输系统和卫星传输系统等都可以作为通信网传输链路的实现方式。

（三）通信网的组网结构

通信网的基本组网结构主要有网状形、星形、复合型、环形、线形、总线型和树形。

第一，网状形网。网状形网的网内任何两个节点之间均有直达线路相连，是完全网状网。因此，当节点数增加时，传输链路的数量将迅速增大。这种网络结构的优点是稳定性好，但冗余度较大，线路利用率不高，经济性较差，适用于局间业务量较大或分局量较少的情况。网孔形网是网状形网的一种变形，也就是不完全网状形网，或称为格形网。在这种网络中，大部分节点相互之间有线路直接连接，一小部分节点可能与其他节点之间没有线路直接相连。哪些节点之间不需要直达线路，要视具体情况而定，通常是业务量相对较少的节点之间不需要直达线路。网孔形网与网状形网相比，可适当节省一些线路，即线路利用率有所提高，经济性有所改善，但稳定性会稍有下降。

第二，星形网。星形网也称为辐射网，它将一个节点作为辐射点，该点与其他节点均有线路相连，星形网的辐射点就是转接交换中心，其余节点间的相互通信都要经过转接交换中心的交换设备，因此该交换设备的交换能力和可靠性会影响网内的所有用户。与网状形网相比，星形网的传输链路少，线路利用率高，因此当交换设备的费用低于相关传输链路的费用时，星形网的经济性较好。但是当交换设备的转接能力不足或设备发生故障时，网络的接续质量和网络的可靠性将会受到影响，严重时会造成全网瘫痪。

第三，复合型网。复合型网是由网状形网和星形网复合而成的，根据网中业务量的需要，以星形网为基础，在业务量较大的转接交换中心区间采用网状形结构，可以使整个网络比较经济且稳定性较好。复合型网具有网状形网和星形网的优点，是通信网中普遍采用的一种网络结构，但在网络设计时应以交换设备和传输链路的总费用最小为原则。

第四，环形网。环形网特点是结构简单，易于实现，而且可采用自愈环对网络进行自动保护，因此稳定性比较高，在计算机通信网中应用较多。

第五，线形网。线形网的网络结构与环形网的区别是网络结构是开环的，首尾不相连线形网常用于同步数字体系（Synchronous Digital Hierarchy，SDH）传输网中。

第六，总线型网。总线型网是所有节点都连接在一个公共传输通道（总线）上，由于多个通信设备共享一条数据通路，因此某一时刻只能有一个通信设备发送信息。这种网络结构需要的传输链路少，增减节点比较方便，但稳定性较差，网络范围也受到限制，在计算机通信网中应用较多。

第七，树形网。树形网可以看成是星形网拓扑结构的扩展，在树形网中，节点是按层次进行连接的，信息交换主要在上下节点之间进行。树形结构主要用于用户接入网或用户线路网中，另外，主从网同步方式中的时钟分配网也采用树形结构。

二、通信信道特性

“信道是通信系统必不可少的组成部分，信道特性的好坏直接影响到系统的总特性。信号在信道中传输时，噪声作用于所传输的信号，接收端所接收的信号是传输信号与噪声的混合体”①。信道是以传输媒介（质）为基础的信号通路；信道是由有线或无线线路提供的信号通路；信道是指定的一段频带，它让信号通过，同时又给信号以限制和损害。信道的作用是传输信号。信道大体可分成两类：广义信道和狭义信道。

广义信道通常分成调制信道和编码信道两种：调制信道是根据调制与解调的基本问题而定义的，它的范围是从调制器输出端到解调器输入端。从调制和解调的角度来看，由调制器输出端到解调器输入端的所有转换器及传输媒质只是把已调信号进行了某种变换，即只需关心变换的最终结果，而无须关心详细过程。因此，研究调制与解调问题时，定义一个调制信道是方便和恰当的。调制信道常用在模拟通信中，如果仅着眼于编码和译码问题，则可得到编码信道。从编码和译码的角度看，编码器的输出仍是一数字序列，而译码器的输入同样也是一数字序列，它们在一般情况下是相同的。因此，从编码器输出端到译

① 王兴亮，高利平. 现代通信系统新技术［M］. 2版. 西安：西安电子科技大学出版社，2017：10.

码器输入端的所有转换器及传输媒质可用一个完成数字序列变换的方框加以概括，此方框称为编码信道。

狭义信道按具体媒质类型的不同可分为有线信道和无线信道。所谓有线信道，是指传输媒质为明线、对称电缆、同轴电缆、光缆、波导等看得见的媒质。有线信道是现代通信网中最常用的信道之一，如对称电缆（又称电话电缆），它广泛应用于近程（市内）传输。无线信道的传输媒质比较多，包括短波电离层、对流层散射等。虽然无线信道的传输特性不如有线信道稳定可靠，但无线信道具有方便、灵活、通信者可移动等优点。下面主要探讨狭义信道。

（一）有线信道与无线信道

1. 有线信道

（1）双绞线。双绞线又称双纽线，由若干对且每对由两条相互绝缘的铜导线按一定规则绞合而成。这种绞合结构可以减少相邻导线的电磁干扰。双绞线既可以传输模拟信号，又可以传输数字信号，其通信距离一般为几千米到十几千米。导线越粗，通信距离越远，但导线价格越高。根据是否外加屏蔽层还可将其分为屏蔽双绞线和非屏蔽双绞线。屏蔽双绞线传输质量较好，传输速率也高，但施工不便；非屏蔽双绞线传输性能不如屏蔽双绞线，但施工方便、组网灵活、造价较低，因而较多采用。

（2）同轴电缆。同轴电缆以硬铜线为芯，外包一层绝缘材料。这层绝缘材料用密织的网状导体环绕金属屏蔽层，网外又覆盖一层保护性材料。金属屏蔽层能将磁场反射回中心导体，同时也使中心导体免受外界干扰，故同轴电缆比双绞线具有更宽的带宽和更好的噪声抑制特性。同轴电缆按特性阻抗（指电缆导体各点的电磁电压与电流之比）数值的不同可分为两种：一种为50Ω同轴电缆，用于数字信号的传输，称为基带同轴电缆；另一种为75Ω同轴电缆，用于宽带模拟信号的传输，称为宽带同轴电缆。基带同轴电缆只支持一个信道，传输带宽为1Mb/s，它能以10Mb/s的速率把基带数字信号传输1~1.2km，在局域网中广泛使用；宽带同轴电缆支持的带宽为300~450MHz，可用于宽带数据信号的传输，传输距离可达100km。

（3）光纤。光纤即光导纤维，它软而细，利用全反射原理来传导光束。由于可见光的频率非常高，约为10MHz的数量级，故一个光纤通信系统的传输带宽远远大于其他各种传输媒质的带宽。光纤为圆柱状，由纤芯、包层和护套3个同心部分组成。纤芯是光纤最中心的部分，由一条或多条非常细的玻璃或塑料纤维线构成。每根纤维线都有自己的包层。由于包层涂层的折射率比芯线低，故可使光波保持在芯线内。最外层的护套可防止外部潮湿气体侵入，并防止磨损、挤压等伤害。

根据传输模式的不同，光纤有单模光纤和多模光纤之分。单模光纤纤芯比较细，光在光纤中的传播只有一种模式；多模光纤纤芯比较粗，光纤中可有多条不同角度入射的光线同时传播。与同轴电缆比较，光纤可提供极宽的频带且功率损耗小，传输距离远（2km 以上），传输率高（可达每秒数千兆位），抗干扰性强（不会受到电子监听），是构建安全网络的理想选择。

2. **无线信道**

无线信道的传输载体主要是无线电波和光波。根据频率、媒质及媒质分界面对电波传播产生的不同影响，可将电波传播方式分为地波传播、天波传播、视距传播、散射传播、对流层传播和电离层传播。

（1）地波传播。当接收天线距离发射天线较远时，地面呈拱形将两者隔开，只有某些中低频电波能够沿着地球拱起的部分传播出去，这种沿着地球表面传播的电波就叫地波，也叫表面波。地波沿着地球表面传播的方式，称为地波传播。其特点是信号比较稳定，但电波频率越高，地波随距离的增加衰减得越快。因此，这种传播方式主要适用于长波和中波。

（2）天波传播。在大气层中，从几十千米至几百千米的高空有多层“电离层”，它们形成了一种天然的反射体，就像一只悬空的金属盖。电波射到“电离层”就会被反射回来。沿这一途径传播的电波就称为天波或反射波。在电波中，主要是短波具有这种特性。

（3）视距传播。若收、发天线距离地面的高度远大于波长，则电波直接从发信天线传到收信地点（有时有地面反射波），这种传播方式称为视距传播。此方式仅限于在视线距离以内传播信号。

（4）散射传播。散射传播指利用对流层或电离层中媒质的不均匀性或流星通过大气时的电离余迹对电磁波的散射作用来实现超视距传播，主要用于超短波和微波的远距离通信。

（5）对流层传播。无线电波在对流层与平流层中的传播，简称为对流层传播。

（6）电离层传播。无线电波在电离层中的传播，简称为电离层传播。

在实际通信中，虽然可以同时选择几种传播方式来传播无线电波，但一般情况下都是根据使用波段的特点，利用天线的方向性来限定一种主要的传播方式。

（二）通信信道内的噪声类型

通信信道内噪声来源很多，表现的形式也多种多样，通常需根据噪声的来源和性质对其进行分类。根据噪声来源的不同，可以粗略地将其分为以下类型。

第一，无线电噪声。无线电噪声来源于各种无线电发射机。这类噪声的频率范围很广，从甚低频到特高频都可能有无线电干扰存在，并且干扰的强度有时很大，但它的干扰频率是固定的，因此可以预先设法防范。特别是在加强了无线电频率的管理工作后，对频率的稳定性、准确性及谐波辐射等方面都有严格的规定，从而使信道内信号所受的影响可减到最低程度。

第二，工业噪声。工业噪声来源于各种电气设备，如电力线、点火系统、电车、电源开关、电力铁道、高频电炉等。这类干扰源分布很广，无论是城市还是农村，内地还是边疆，都有工业干扰存在。尤其是在现代化社会里，各种电气设备越来越多，这类干扰的强度也就越来越大。但它的干扰频谱集中于较低的频率范围，如几十兆赫以内，因此，高于这个频段工作的信道就可以免受它的干扰。另外，也可以设法消除干扰源或减小干扰，如加强屏蔽和滤波等措施。

第三，天电噪声。天电噪声来源于雷电、磁暴、太阳黑子、宇宙射线等，是客观存在的。这类自然现象和时间、季节、地区关系密切，因此天电干扰的影响大小不同。例如，夏季比冬季严重，赤道比两极严重，在太阳黑子活动的年份天电干扰加剧。这类干扰所占的频谱范围很宽，并且频率不固定，因此很难防止。

第四，内部噪声。天电噪声来源于信道的各种电子器件、转换器、天线或传输线等。例如，电阻及各种导体都会在分子热运动的影响下产生热噪声，电子管或晶体管电子器件会由于电子发射不均匀产生器件噪声。这类干扰是由无数个自由电子的不规则运动所形成的，因此它的波形也是不规则变化的，显示在示波器上就像一堆杂乱无章的茅草，通常称为起伏噪声。在数学上可以用随机过程来描述这类干扰，因此又可称为随机噪声，简称为噪声。

以上是根据噪声的来源分类的，比较便于理解。但是，从防止或减小噪声对信号传输影响的角度而言，根据噪声的性质来分类更为有利，这时噪声可分为以下三种（表 1-1）。

表 1-1　根据噪声的性质分类

类别	内容
单频噪声	单频噪声主要指无线电干扰。电台发射的频谱集中在比较窄的频率范围内，因此可近似地看作单频性质的。另外，电源交流电、反馈系统自激振荡等也属于单频干扰，它是一种连续波干扰，并且频率可以通过实测来确定，因此采取适当的措施就能防止
脉冲干扰	脉冲干扰包括电火花、断续电流及雷电等产生的干扰，其特点是波形不连续，呈脉冲性质，并且发生这类干扰的时间很短、强度很大、周期随机，因此可用随机的窄脉冲序列来表示。由于脉冲很窄，故占用的频谱很宽，但是，随着频率的提高，频谱幅度逐渐减小，干扰影响也相应减弱。因此，在适当选择工作频段的情况下，这类干扰的影响也是可以防止的

续表

类别	内容
起伏噪声	起伏噪声主要指信道内部的热噪声、器件噪声及来自空间的宇宙噪声，它们都是不规则的随机过程，只能通过大量统计的方法来寻求其统计特性。由于起伏噪声来自信道本身，故它对信号传输的影响是不可避免的

第三节 通信系统的组成与分类

一、通信系统的组成

“通信是将信息从发信者传递到在另一个时空点的收信者”①，通信系统是由信源、发送设备、信道、接收设备和信宿五大部分组成。

（一）通信系统的信源

信源是产生各种信息（如语音、文字、图像、数据等）的发源地，可以是人，也可以是机器（计算机）。根据信源所产生的信号的性质不同，可以分为模拟信源和离散信源。模拟信源输出幅度连续的信号（如电话机话筒：声音→音频信号）；离散信源输出离散的符号序列或文字（如电传机：键盘字符→数字信号）。模拟信源可通过抽样和量化变换为离散信源。随着计算机和数字通信技术的发展，离散信源的种类和数量会越来越多。这里需强调指出，根据信源和接收者的不同，信息速率的变化范围会很大。例如，电传打字机的速率为50bit/s，而彩色电视的信号速率为270Mbit/s。由于信源产生信息的种类和速率不同，因而对传输系统的要求也各不相同。

（二）通信系统的发送设备

发送设备的作用是将信源和信道匹配起来，即将信源发出的信息变换成适合在信道中传输的信号。变换方式是多样的，在需要频谱搬移时，调制是最常见的变换方式。对于数字通信系统而言，发送设备又常常包含信源编码与信道编码两部分。信源编码是把连续消息变换为数字信号；信道编码则是使数字信号与信道匹配，提高传输的可靠性。发送设备

① 张永，等. 现代通信系统［M］. 北京：国防工业出版社，2022：1.

还包括为达到某些特殊需求所进行的处理，如多路复用、加密处理以及纠错编码等。

（三）通信系统的信道

信道是指信号传输的媒介，信号是经过信道传送到接收设备的。传输媒介既可以是有线，也可以是无线，两者都有多种物理传输媒介。在信号传输过程中，必然会引入发送设备、接收设备和传输媒介的热噪声和各种干扰及衰落，即信号在信道中传输时，会产生信道噪声。信道的固有特性和干扰特性会直接影响变换方式的选取，如通过电导体传播的有线信道和通过自由空间传播的无线信道，其信号变换方式是不同的。不同频段的无线电波在空间传播的途径、性能和衰落也是不同的。

（四）通信系统的接收设备

接收设备的主要作用是将来自信道的带有干扰的发送信号加以处理，并从中提取原始信息，完成发送变换过程的逆变换（解调、解密、译码等）。对于多路复用信号，还包括多路去复用，实现正确分路。由于接收的消息信号存在噪声和传输损伤，接收设备还可能包含趋近理想恢复的某些措施和方法。

（五）通信系统的信宿

信宿是信息的目的地或接收者，它是通信中的接收端，接收发送端传输的信息或数据。信宿可以是一个设备、一个人或者一个系统，它接收并处理通过传输介质传送过来的信息。在通信系统中，信宿的角色是接收这些信息，并进行必要的处理，可能是解码、解析或者其他操作，以便理解和使用这些信息。信宿在通信系统中起着至关重要的作用，因为它们是信息传输的目标和最终的接收者。无论是电话通信、互联网通信还是无线通信，都需要信宿来接收并处理信息。

需要注意的是，以上的模型是点对点的单向通信系统，对于双向通信，通信双方都要有发送和接收变换器。对于多个用户之间的双向通信，为了能实现信息的有效传输，必须要进行信息的交换和分发，由传输系统和交换系统组成一个完整的通信系统或通信网络来实现。其中，交换系统完成不同地址信息的交换，因此，交换系统中的每一台交换机组成了通信网中的各个节点。

二、通信系统的分类

（一）按照信源分类

按照信源发出消息的物理特征，通信系统可分为电话、电报、数据和图像等通信系统。其中，电话通信是目前最发达的通信系统，其他通信常借助于公共电话通信系统传递信息。例如，电报通信一般采用公共电话系统中的一个话路或从话路中一部分频带进行传送；电视信号或图像信号可使用多个话路合并为一个信道进行传送。

（二）按照传输媒介分类

通信系统模型中的信道是指传输信息的媒介或信号的通道。按传输媒介分类，通信系统可分为有线和无线两大类。有线信道常用的是对称电缆、同轴电缆和光缆，可构成电缆通信系统和光纤通信系统。目前，长途通信系统中主要采用的是光纤通信系统，而电缆通信系统大都用在本地通信系统中。无线信道按照所使用的频段和通信手段可分为短波通信系统、微波中继通信系统、移动通信系统和卫星通信系统。

（三）按照传输信号的特征分类

根据传输信号的特征，通信系统可分为模拟通信系统和数字通信系统两大类。在模拟通信系统中传输的是模拟信号，模拟通信系统的基本组成包括：发信源、调制器、信道、解调器、收信者。调制器和解调器对信号的变换起着决定性的作用，直接关系着通信质量的优劣。在数字通信系统中传输的是数字信号，数字通信系统的基本组成包括：发信源、信源编码器、信道编码器、调制器、信道、解调器、信道译编码器、信源译编码器、收信者。

模拟通信系统与数字通信系统各有特点，但从总体上看，数字通信系统与模拟通信系统相比，具有以下优点：一是抗干扰能力强，数字通信系统可通过再生中继消除噪声积累；二是可采用差错控制技术，从而提高数字信号传输的可靠性；三是便于进行各种数字信号处理，如计算机存储和处理，使数字通信和计算机技术相结合而组成综合化、智能化的数字通信网；四是数字通信系统可使传输与交换相结合、电话数据和图像传输相结合，有利于实现综合业务数字网；五是数字通信系统的器件和设备易于实现集成化、微型化。然而数字通信系统也存在占用频带宽的缺点，但随着卫星通信和光纤通信等宽带通信系统日趋发展成熟，为数字通信提供了足够宽的频带，因此，相比之下，此缺点就不突出了。

（四）按照通信手段分类

第一，无线电通信。无线电通信可以利用无线电波，可传输电话、电报、数据、图像信息。对飞机、舰艇、坦克等运动载体，无线电是唯一的通信手段。无线电通信具有建立迅速、机动灵活等优点；不足之处是传输的信号易被侦听截获、测向定位和干扰。无线电传播有不稳定性，严重时甚至会造成通信的中断。

第二，有线电通信。有线电通信专指利用金属导线传输信息达成的通信，可传输电话、电报、数据、图像等信息。由于信息是沿导线传输的，电磁辐射较少，不易被对方获得，不易受自然和人为的干扰，保密性及通信质量好。但机动性抗毁性较差，特别是暴露在地面上的通信线路易遭破坏。按传输线路的种类，有线电通信通常分为野战线路（野战被覆线和野战电缆线路）通信架空明线通信、地下（海底）电缆通信等。野战线路通信机动性较好，易于敷设、撤收，一般用于野战条件下近距离通信，但通信容量小。架空明线通信容量较大，可实施远距离通信，但抗毁性差，随着光缆的发展，架空明线通信将日趋淘汰。

第三，光通信。光通信指利用光传输信息的通信方式。光通信频带宽，保密性好，抗电磁干扰能力强。按所用的光传输介质可分为光纤通信和无线光通信。

光纤通信利用光导纤维作为传输媒介，是现代光通信的主要方式。光纤通信具有通信容量大、中继距离长、无电磁辐射、抗电磁干扰能力强、信号稳定可靠保密性好等优点，广泛用于国防通信网的干线和支线传输，用于机场等的内部通信网，用于指挥所等的局部通信网。光纤有单模和多模两类：单模光纤中继距离长，主要用于干线传输；多模光纤的无中继距离短，主要用于短距离和局域网的通信。

无线光通信是利用光波在空间中传输信息的一种通信方式，它可以分为自由空间光通信、大气光通信和对潜光通信。自由空间光通信是指利用可见光或红外光在空间中传输信息，通常在开放的空间中进行，例如在地面上的两个点之间或者在卫星与地面之间进行通信，它通常利用激光或 LED 等光源进行通信，并且需要确保发送端和接收端之间的视线通畅。大气光通信是指利用大气作为传输介质进行光通信的方式。大气光通信需要克服大气吸收、散射、折射等因素对光信号的影响，因此对天气和大气条件有一定的要求。这种通信方式可能涉及在大气中进行光传输，例如，在短距离间的无线局域网通信或者某些特定气象条件下的长距离通信。对潜光通信是指利用水中的光作为信息传输的媒介。这种通信方式通常应用于水下通信，例如水下探测设备之间的通信或者水下传感器与基地站之间的通信。对潜光通信需要克服水的吸收和散射等问题，使光信号能够在水中有效传输。

第四，运动通信和简易信号通信。运动通信虽然是种较原始而又传统的通信手段，但直到现代仍有其价值。许多国家都编有运动通信分队，并配有先进的交通工具。需要无线电寂静时，运动通信的作用更为突出。简易信号通信易受天候、地形、环境等影响，通信距离近，主要用于传递简短命令、报告情况、识别敌我、指示目标、协同动作等，是通信的辅助手段。

思考练习：

1. 通信的方式主要有哪些？
2. 详细论述通信网的要素与类型。
3. 简述通信系统的具体组成及其特点。

第二章　短波通信系统

学习目标：

1. 了解短波通信系统的理论知识。
2. 掌握短波通信系统的模块与功能。
3. 了解短波通信天线技术及其应用。

第一节　短波通信系统的认知

“短波通信依靠 1.5~30MHz 的电磁波进行信号传输，是最早出现并被广泛应用的无线通信方式，至今仍是中远距离无线通信的重要手段。短波信道传播特性异常复杂，其理论和技术仍处于不断完善和发展的过程中”①。“短波通信是一种重要的通信方式”②，具备无中继远程通信能力，具有机动性强、网络重构快捷和抗毁性强等优点。但是，由于短波信道条件复杂且不稳定，存在多径干扰、信号衰落和多普勒频移等不利因素，因此很难保证可靠的短波通信。短波通信系统的认知可以从以下方面着手。

一、短波通信系统的主要部分

固定式短波通信系统主要由发信天线场、集中发信台、遥控线路、集中收信台和收信天线场五大部分组成。在实际短波通信系统中，固定短波台站的收、发信设备是分离的，这主要是为了避免收、发信系统之间的互扰。上述组成部分的基本功能见表 2-1。

---

① 任国春. 短波通信原理与技术［M］. 北京：机械工业出版社，2020.

② 龙灿. 短波通信系统发展及关键技术［J］. 数字化用户，2018，24（6）：162.

表 2-1　短波通信系统的组成部分及功能

类别	内容
发信天线场	由集中发信台所有发信天线组成，用来将集中发信台中的电信号转换为电磁信号，然后发射到空中
集中发信台	主要包含激励器、功率放大器和电源三部分，用来激励放大遥控线路传过来的电信号，然后送到发信天线场进行发射
遥控线路	主要包含自适应控制器和集中控制台，完成短波接收机和发射机最佳频率的实时决策，实现自动链路建立，同时完成对台站内各种通信设备的监视、控制、调度、管理等功能
集中收信台	主要包含激励器、功率放大器和电源三部分，用来激励放大天线传过来的电信号，然后送到遥控线路中的中心控制台进行处理
收信天线场	由集中收信台所有收信天线组成，用来接收空中短波电磁信号并转换为电信号，然后送到集中收信台

二、短波通信系统的主要设备

短波通信系统一般配置有以下设备。

第一，收信天线。其作用是将从空中接收到的电磁波信号转换成电流信号。

第二，短波收信机。可在等幅报、调幅话、下边带、上边带、独立边带等方式下工作，将天线收到的信号进行放大、解调等处理，获得传输信息。

第三，自适应控制器。自适应控制器主要功能是完成短波收信机和发信机最佳频率、最佳链路的实时选择，实现自动线路建立。

第四，集中控制台。短波集中控制台通常由收信集中控制设备和发信集中控制设备两部分组成，完成对台站内各种通信设备的监视、控制、调度、管理等功能，包括短波链路管理与调度，通信设备遥控、遥测、遥信，自适应通信系统遥控，遥控线路检测分配，综合终端遥控，设备交换控制与管理，通信过程自动控制，通信管理自动化，综合业务接口等。

第五，综合传输交换设备。综合传输交换设备采用局端、远端协同工作的模式进行，完成本地四线音频和 PTT 信号的切换管理以及同远端设备的联系管理。

第六，短波发信机。通常由激励器、功率放大器和电源三部分组成。

第七，发信天线。将发信机输出的已调制高频电流转换成电磁波的形式发射出去。

三、短波通信系统的附属设备

除主要设备外，短波通信系统还需配置许多附属设备，才能保障整个短波通信系统工作顺畅，包括天线共用器、发信天线交换器、终端设备、光传输设备、遥控线路、电源设备等。

第一，天线共用器。天线共用器的作用是将天线接收到的信号，通过带通滤波器抑制短波频带以外的干扰信号后，送至低噪声放大器进行功率补偿，将输出信号分配给多个接收机，以减少收信天线的数量。

第二，发信天线交换器。用于主、备机之间的天线转换设备，不改变原网络的工作状态，不影响主、备机原有的电气指标。

第三，终端设备。其包括耳机、电键（手键）、电传机和业务终端。①耳机：将收信机输出的低频电流信号转换成人耳能识别的声音信息。②电键（手键）：用于拍发摩尔斯电码。③电传机：具有人工发报、纸条发报、自动印字收报和复印机等功能。④业务终端：用于完成数据传输、传真、声码话等多种业务。

第四，光传输设备。实现收、发信台之间遥控信号的远距离传输。

第五，遥控线路。与光缆或电缆传输设备配合，为收、发信台遥控信号提供远程传输路由。

第六，电源设备。包括交流配电、汽油或柴油发电机配电屏、UPS 电源、直流开关电源等设备。

第二节　短波信道及其特性

一、短波信道的地波传播

短波传播主要分为天波和地波两种形式，依靠电离层反射来传播的无线电波叫作天波；沿地面传播的无线电波叫作地波。天波可以实现远距离的传播；由于地面对短波衰减较大，所以地波只能近距离传播。

由于地球表面是有电阻的导体，当电波在地球表面行进时，有一部分电磁能量被消耗，而且随着频率的增高，地波损耗逐渐增大。因此，地波传播形式主要应用于长波、中波和短波频段低端的 1.5~5MHz 频率范围。地波的传播距离不仅与频率有关，还与传播路径上媒介的电参数密切相关。短波沿陆地传播时衰减很快，只有距离发射天线较近的地方才能收到，即使使用 1kW 的发射机，陆地上传播距离也仅为 100km 左右。而沿海面传播的距离远远超过陆地的传播距离，在海上通信能够覆盖 1000km 以上的范围。由此可见，短波的地波传播形式一般不宜用作无线电广播和远距离陆地通信，而多用于海上通信、海岸电台与船舶电台之间的通信以及近距离的陆地无线通信。因为地球表面导电特性在短时间内变化小，故地波传播特性稳定可靠，基本上与昼夜和季节的变化无关。

二、短波信道的天波传播

包围地球的大气层的空气密度是随离地面高度的增加而减小的。一般而言，离地面大约 10km 以下，空气密度比较大，各种大气现象，如风、雨、雪等都是在这一区域内产生的。大气层的这一部分叫作对流层。离地面 60km 以上，空气稀薄，同时太阳辐射和宇宙射线辐射等作用很强烈，使空气产生电离，形成电离层。电离层大致分为三层：离地面 60 ~90km 为 D 层；离地面 90 ~ 140km 为 E 层；E 层之上一直到数百甚至上千千米称为 F 层，白天 F 层分为 F1 和 F2 层，F2 层处于 F1 层之上，夜间 F1 层消失。电波到达电离层后一部分能量被电离层吸收，一部分能量被反射与折射返回地面，形成天波。由于惯性关系，电波频率越高，电子和离子的振荡幅度就越小，因而被吸收的能量越小。从这一点看，利用电离层通信宜采用较高频率。但另一方面，随着频率的增高，电波穿入电离层的深度也越深，当频率超过一定值后，电波会穿透电离层，不再返回地面。因此，利用电离层通信可供采用的频率也不能过高，一般限于 1.5 ~ 30MHz 短波频段。电离层的密度随昼夜、季节、太阳活动周期和经纬度变化而变化，机理比较复杂。

一般情况下，对于短波通信线路，天波传播具有更重要的意义。因为短波通信主要以中远距离通信为主，天波传播依靠电离层反射，可以实现数百千米甚至上万千米的远程通信。

（一）电离层的形成结构与变化规律

地球高层大气分子在宇宙射线、太阳紫外线和 X 射线的作用下，电离形成等离子体区域即电离层。电离层中电子密度呈不均匀分布，根据电子密度随高度变化的情况，可把电离层分为 D 层、E 层和 F 层。

D 层是最底层，白天出现在地球上空 60 ~ 90km 高度处，夜间消失。D 层的电子密度一般不足以反射短波信号，信号穿过 D 层时将产生衰减，频率越高衰减越小，而且在 D 层的衰减量远大于 E 层和 F 层，所以 D 层也称为吸收层。

E 层位于地球上空 90~140km 高度处，仅存在于白天，可反射频率高于 1.5MHz 的电磁波。这里需要说明的是，在 120km 高度处，偶尔会出现持续时间不长、具有很高电子密度的偶发 Es 层。

F 层分为 F1 层和 F2 层。F1 层位于地球上空 140~200km 高度处，夜间消失。F2 层位于地球上空 200~1000km 高度处，它不同于其他电离层，在日落后仍能保持一定电子密度，但能反射的电磁波频率远低于白天。由此可见，为保持持续通信，工作频率必须昼夜更换。

电离层的特性决定了传输信号产生衰减和畸变的程度。电离层的长时统计特性除随日夜变化外，还随季节、太阳黑子周期、地理位置发生变化。另外，电离层偶尔还发生一些随机、非周期、突发的变化。电离层的特性和通信频率的选取决定了电离层对电波的反射和吸收能力，从而影响接收信号强度。

电离层特性的统计均值随昼夜、季节、太阳黑子周期和地理位置变化而有规律地变化。这是由于电离层电子密度与太阳的照射紧密相关，太阳辐射越强，大气电离越剧烈，电离层电子密度越大。因此，一般而言，夏季电子密度大于冬季，白天电子密度大于夜间，中午的电子密度比早晚大，而正午电子密度最大。电离层 D 层在日落之后很快消失，而 E 层和 F 层的电子密度逐渐减小，到了日出之后，各层的电子密度开始增长。由于赤道附近太阳照射强，南北两极弱，所以赤道附近电子密度较大，南北极最小。另外，太阳辐射与太阳的活动性有关，太阳一年的平均黑子数代表太阳活动性，黑子数目增加时，太阳所辐射的能量增强，各层电子密度增大。

电离层特性除了具有上述规律稳定的变化外，还会发生一些随机的、非周期的、突发的急剧变化，主要包括偶发 Es 层、电离层暴、电离层突发骚扰等。电离层的突发随机变化有时会造成通信中断。

偶发 Es 层出现时，入射电波的部分甚至全部能量遭到反射，无法通过 Es 层以上区域反射回地面，形成所谓的“遮蔽”现象，不能实现预定距离通信。

电离层暴是由太阳局部区域扰动引起的电离层剧烈变化，主要影响 F 层，持续时间由几小时至几天不等。电离层暴通常可分为三类：一是正相电离层暴，指 F2 层可反射的最高频率高于正常值，多发生于赤道地区上空；二是负相电离层暴，指 F2 层可反射的最高频率低于正常值，多发生于中、高纬度地区，持续时间长；三是双相电离层暴，指上述两种情况同时出现。电离层暴会导致电离层结构受到严重破坏，出现层次不清的混乱状况。电子密度呈现或增加或减少的剧烈扰动，会造成数小时甚至数天内不能正常通信。

电离层突发骚扰是一种来势很猛但持续时间不长（一般为几分钟至几小时）的扰动它

仅发生在日照面电离层的D层。这种扰动由太阳耀斑引起，耀斑区发出的强烈远紫外辐射和X射线，大约8min后到达地球，使地球向阳面电离层特别是D层中的电子密度突然增大。当发生这种骚扰时，由于D层电子密度增大，通过D层的短波电波突然受到强烈吸收，常出现短波通信中断现象。耀斑期间，E层和F层底部的电子密度也突然增加，会导致可用的短波频率突然偏离正常值。

因此，从长时间统计角度讲，电离层特性是有规律的。但在某些特定时刻，其短时特性呈现随机、非周期、突发的剧烈变化。

（二）电离层对无线电波传播的影响

电波到达电离层后存在三种不同情况：一是被电离层完全吸收；二是反射回地面；三是穿透电离层。在电离层特性一定的条件下，具体出现哪种情况与短波通信工作频率密切相关。电波频率越低，被电离层吸收得越多；电波频率越高，被电离层吸收得越少，穿透能力越强。

随着短波通信频率的降低，电离层的吸收能力逐步增强，接收端电波能量逐渐降低。当频率降低到一定程度时，电波能量的大部分甚至全部被电离层吸收，接收端的信号强度将低于接收门限，导致通信中断，此时的临界频率定义为最低可用频率（LUF）。相对地，随着短波通信频率的升高，电离层的吸收逐步减少，但电波的穿透能力逐渐增强，反射回地面的信号强度同样也会降低，当低于接收门限时，同样导致通信中断。此时的临界频率定义为最高可用频率（MUF），即能被电离层反射回地面的最高频率。

LUF和MUF之间的频率称为可用频率窗口。需要注意的是，可用频率窗口与实际通信系统的接收门限有关，一般而言，高速数据传输系统的可用频率窗口小于低速数据传输系统。

三、短波信道的主要特性

短波传播主要依靠电离层反射。由于电离层是分层、不均匀、时变的媒质，所以短波信道属于随机变参信道，即传输参数是时变的，且无规律的，故称随机变参信道。短波信道又称时变色散信道。所谓“时变”即传播特性随机变化，这些信道特性对于信号的传播是很不利的。短波信道存在多径效应、衰落、多普勒频移等特性，而这些特性在其他信道中并不严重存在，都有某些类似现象。但短波传播也有众所周知的优点，如传播距离远、设备简单等，所以短波信道仍是较常用的信道之一。因此，对短波信道的主要特性进行较深入的分析是必要的。

（一）短波信道的多径衰落

多径效应是指来自发射源的电波信号通过不同的途径、以不同的时间延迟到达远方接收端的现象。这些经过不同途径到达接收端的信号，因时延不同使相位互不相同，并且因各自传播途径中的衰减量不同使电场强度也不同。短波电波传播时，有经过电离层一次反射到达接收端的一次跳跃情况，也可能有先经过电离层反射到地面再反射上去，经过电离层反射到达接收端的二次跳跃情况，甚至可能经过三跳、四跳后才到达接收端的情况。也就是说，虽然在发射端发射的电波只有一个，但在接收端却可以收到由多个不同途径反射而来的同一发射源电波，这种现象称为"粗多径效应"。

另外，由于电离层不可能完全像一面反射镜，电离层不均匀性对信号而言呈现多个散射体，电波射入时经过多个散射体反射出现了多个反射波，这就是无线电波束的漫反射现象。这时在接收端收到多个来自同一发射源电波的现象称为"细多径效应"。

信号经过不同路径到达接收端的时间是不同的。两条路径间的时间差为多径时延，多径时延与信号传输的距离及信号频率有关。一般而言，多径时延等于或大于 0.5ms 的占 99.5%，等于或大于 2.4ms 的占 50%，超过 5ms 的仅占 0.5%。

衰落现象是指接收端信号强度随机变化的一种现象。在短波通信中，即使在电离层的平静时期，也不可能获得稳定的信号。在接收端信号振幅总是呈现忽大忽小的随机变化，这种现象称为衰落。

在短波传播中，衰落又有快衰落和慢衰落之分。快衰落的周期是从十分之几秒到几十秒不等，而慢衰落周期从几分钟到几小时，甚至更长时间。

1. 短波信道的快衰落

快衰落是一种干涉性衰落，是由多径传播现象引起的，由于多径传播，到达接收端的电波射线不是一根而是多根，这些电波射线通过不同的路径，到达接收端的时间是不同的。由于电离层的电子密度、高度均是随机变化的，故电波射线轨迹也随之变化，使得由多径传播到达接收端的同一信号之间不能保持固定的相位差，使合成的信号振幅随机起伏。这种由到达接收端的若干个信号的相位干涉所造成的衰落也称"干涉衰落"。

干涉衰落具有明显的频率选择性。干涉衰落对某一单个频率或一个几百赫兹的窄频带信号产生影响。对一个受调制的高频信号，由于它所包含的各种频率分量，在传播中具有不同的多径传播条件，所以在调制频带内，即使在一个窄频段内也会发生信号失真，甚至严重衰落。遭受衰落的频段宽度不会超过 300Hz。同时，通过实践也可证明，两个频移差值大于 400Hz，它们的衰落特性的相关性就很小了。干涉衰落的速率（也称衰落速率）为

10～20 次/min，衰落深度可达 40dB，偶尔达 80dB。衰落持续时间通常在 4～20ms 范围内，它和慢衰落有明显的差别。快衰落现象对电波传播的可靠度和通信质量有严重的影响，对付快衰落的有效办法是采用分集接收技术。

2. *短波信道的慢衰落*

慢衰落是由 D 层衰减特性的慢变化引起的，它与电离层电子浓度及其高度的变化有关，其时间最长可以持续 1h 或更长，由于它是电离层吸收的变化所导致的，所以也称吸收衰落。吸收衰落具有以下特征：一是接收信号幅度的变化比较缓慢，其周期从几分钟到几小时（包括日变化）；二是对短波整个频段的影响程度是相同的。如果不考虑磁暴和电离层骚扰，衰落深度有可能达到低于中值 10dB。

通常电离层骚扰也可以归结到慢衰落，太阳黑子区域常常发生耀斑爆发，此时有极强的 X 射线和紫外线辐射，并以光速向外传播，使白昼时电离层的电离增强，D 层的电子密度可能比正常值大 10 倍以上，不仅把中波吸收，而且把短波大部分甚至全部吸收，以致通信中断。通常这种骚扰的持续时间从几分钟到 1h。实际上快衰落与慢衰落往往是叠加在一起的，在短的观测时间内，慢衰落不易被察觉。克服慢衰落，除了正确地调换发射频率外，只能靠加大发射功率来补偿电离层吸收的增强。

（二）短波信道的多普勒频移和多普勒扩展

利用短波信道传播信号时，不仅存在由于衰落所造成的信号振幅的起伏，而且传播中还存在多普勒效应所造成的发射信号频率的漂移，这种漂移称为多普勒频移，用 Δf 表示。多普勒频移产生的原因是电离层经常性的快速运动，以及反射层高度的快速变化，使传播路径的长度不断地变化，信号的相位也随之产生变化。这种相位的变化，可以看成电离层不规则运动引起的高频载波的多普勒频移。多普勒频移在日出和日落期间呈现出较大的数值，此时有可能影响采用小频移的窄带电报的传输。当电离层处于平静的夜间时，不存在多普勒效应，而在其他时间，多普勒频移在 1～2Hz 的范围内。当发生磁暴时，频移最高可达 6Hz。

在短波传播中，引起相位起伏的主要原因是多径传播和电离层的不均匀性。随机多径分量之间的干涉引起接收信号相位随机起伏，这是显而易见的。即便是只存在一种传播路径的情况下，电离层折射率的随机起伏，也会使信号的传输路径长度不断变化，因而也会产生相位的随机起伏。

相位起伏所表现的客观事实也反映在频率的起伏上。当相位随时间变化时，必然产生频率的起伏。如在电离层信道输入一正弦波信号，那么，即使不存在热噪声一类的加性干扰的作用，经多径衰落信道之后，其输出信号波形的幅度也可能随时间而变化，亦即衰落对信号的幅度和相位进行了调制。此时，信道输出信号的频谱比输入信号的频谱有所展宽。这种现象称为频谱扩散。一般情况下频谱扩散约为 1Hz，最大可达 10Hz。在核爆炸上空，电离层随机运动十分剧烈，因而频谱扩展可达 40Hz。

（三）短波信道的噪声与干扰性

为了提高短波通信线路的质量，除了在系统设计时应适应短波传播媒介的特点外，还必须采用各种有力的抗干扰措施，来消除或减轻短波信道中各种干扰对通信的影响，并保证在接收地点所需要的信号干扰比。无线电干扰分为外部干扰和内部干扰。外部干扰是指接收天线从外部接收的各种噪声，如大气噪声、人为干扰、宇宙噪声等；内部干扰是指接收设备本身所产生的噪声。由于在短波通信中对信号传输产生影响的主要是外部干扰，所以在这里不探讨内部干扰。

1. 短波信道的大气噪声

在短波波段，大气噪声主要是天电干扰，具有以下特征。

（1）天电干扰是由大气放电所产生。这种放电所产生的高频振荡的频谱很宽，对长波波段的干扰最强，中、短波次之，而对超短波影响极小，甚至可以忽略。

（2）每一地区受天电干扰的程度视该地区是否接近雷电中心而不同。在热带和靠近热带的区域，因雷雨较多，天电干扰较为严重。

（3）天电干扰在接收地点所产生的电场强度和电波的传播条件有关。在白天，由于电离层的吸收层随频率上升而减小，当吸收减小的程度超过频谱密度减小的程度时，就出现了干扰电平随频率升高而加大的情况。

（4）天电干扰虽然在整个频谱上变化相当大，但是在接收机不太宽的通频带内，实际上具有和白噪声一样的频谱。

（5）天电干扰具有方向性。对于纬度较高的区域，天电干扰由远方传播而来，而且带有方向性。例如，北京冬季接收到的天电干扰是从东南亚地区那里来的，而且干扰的方向并非不变，它是随昼夜和季节变动的。一日的干扰方向变动范围为 23°～30°。

（6）天电干扰具有日变化和季节变化。一般而言，天电干扰的强度冬季低于夏季，这是因为夏天有更频繁的大气放电；而在一天内，夜间干扰强于白天，这是因为天电干扰的能量主要集中在短波的低频段，这正是短波夜间通信的最有利频段。此外，夜间的远方天电干扰也将被接收天线接收到。

2. 短波信道的工业干扰

工业干扰也称人为干扰，它是由各种电气设备和电力网所产生的。特别需要指出的是，这种干扰的幅度除了和本地干扰源有密切关系外，同时也取决于供电系统。这是因为大部分的工业噪声的能量是通过商业电力网传送来的。在工业区和居民区，工业干扰的强度通常远超过大气噪声，因此工业干扰成为通信线路中的主要干扰源。工业干扰辐射的极化具有重要意义。当接收相同距离、相同强度的干扰源来的噪声时可以发现，接收到的噪声电平的垂直极化较水平极化高 3dB。

3. 短波信道的电台干扰

由于短波波段的频带非常窄，而且用户很多，因此电台干扰就成为影响短波通信顺畅的主要干扰源。因此抗电台干扰已成为设计短波通信系统需要考虑的首要问题。

第三节　短波通信系统模块

一、短波发、收信机

（一）短波发信机

1. 短波发信机的常见类型

“短波发信机是指用于发射短波波段无线电信号的设备，可用于电报、电话或数据通信，也可用于广播”[①]。常见的短波发信机如下。

（1）双边带发信机。双边带发信机采用以连续信号控制载波振幅，已调波的功率按频谱可分成载频、上边带和下边带三个部分。双边带信号在接收时只需简单检波即可恢复原连续信号，非常适用于单发射端、大量接收端的广播，是声音广播的主要播送方式。其主要由射频源、射频放大器、音频放大器和调幅功率放大器四个部分组成。

（2）单边带发信机。单边带发信机是取消双边带已调波的一个边带，保留、降低或取消载波的已调信号，分别称为全载波、减幅载波和抑制载波单边带信号。其中抑制载频单边带信号具有最高的传输效率，对同样的连续信号可用小功率、窄带宽进行传输。单边带

① 任国春. 现代短波通信［M］. 北京：机械工业出版社，2020：25.

信号通常是在较低的频率上产生的，由变频器把它变换到发射频率，通过改变射频振荡源频率改变发射频率。

（3）振幅键控发信机。振幅键控发信机也称为等幅报发射机或启闭发射机，只需以键控信号在任何一级启闭激励信号，即可形成振幅调制信号。对发射机没有线性要求，功率放大一般为效率高的丙类（C类）放大。

（4）稳频键控发信机。稳频键控发信机也叫移频报发信机，有专门产生移频键控信号的激励器。射频功率放大一般也采用丙类（C类）放大。

2. 短波发信机的模块功能

短波发信机主要由电源单元、激励器、谐波滤波器、功放模块和功率指示模块组成，其模块功能如下。

（1）电源单元。电源单元是为发射机提供工作电源的组成部件，具有功放过电流保护、过电压保护、过温保护、报警提示的功能。

（2）激励器。激励器是射频信号源，其产生的载波信号频率为3.2~26.1MHz，内部生成的调制信号输出到下一级功放单元进行放大。激励器可完成频率分段、反向功率控制、报警信号输入、功率等级和种类的切换、PTT信号的输出、工作状态的显示和输出信号幅度的修改等功能。

（3）谐波滤波器。谐波滤波器由多块谐波滤波板和继电器切换板组成，主要作用为抑制谐波，其连接天线与功放单元，可以抑制谐波的输出，降低输出损耗。整个短波频段被谐波滤波器划分为连续性的多小段，由激励器送来的分段控制信号，选择连通相应的继电器。

（4）功放模块。功放模块是短波发信机的重要组成部分。功放单元的放大器单元接收由激励器推送出的射频信号经若干个相同功率的放大器进行信号放大后，再通过混合式耦合器合成，被保护电路馈送到谐波滤波器。

（5）功率指示模块。功率指示模块包括减法电路、A/D转换电路、单片机控制电路、射极跟随器及数码显示电路等。

（二）短波收信机

1. 短波收信机的常见类型

短波收信机是将天线接收到的无线电信号加以选择、变换、放大，以获得所需信息的电子设备。按接收信号的调制方式，可分为调幅收信机、调频收信机和脉冲调制收信机等。按接收信号的波长，可分为长波、中波、短波、超短波和微波等收信机。常见的短波收信机如下。

（1）直放式短波收信机。直放式短波收信机的特点是收信机解调器之前的各级电路都工作在信号的发射频率（射频）上，收信机的放大能力和选择能力全部由射频放大器和射频选择回路提供，其原因有以下三点。

第一，收信机的增益不能做得很高。因为晶体管的放大能力随工作频率的升高而降低，并且电路的稳定性较差。

第二，收信机的选择性能差。收信机对干扰的抑制能力主要是由收信机中的滤波器决定的，由于滤波器的通频带与中心频率成正比，当回路中心频率太高时，由于回路通带太宽，远大于信号频带宽度，对信号频率附近的干扰就无法滤除。

第三，电路结构复杂、调整困难。当收信机改变工作频率时，各级电路都必须重新调谐。

在收信机工作频率高、接收信号微弱，以及外界干扰众多的情况下，这些缺点显得更为突出。因此，现代的短波收信机几乎都采用超外差式接收方案。

（2）超外差式收信机。超外差式收信机的电路主要由以下几个部分组成。

第一，输入回路。输入回路最主要的作用就是选频，把不同频率的电磁波信号中特定频率的电台信号选择并接收下来，送入下一级电路。输入回路一般通过 LC 串联谐振对双联可变电容的调节，实现选频及频率同步跟踪。

第二，变频电路。变频电路是超外差式收信机中最重要的组成部分，主要作用是将输入电路选出的各个电台信号的载波都变成固定中频，同时保持中频信号与原高频信号包络完全一致。变频电路由本机振荡器和混频器组成。因为中频信号的频率是固定的，所以本机振荡信号的频率始终比接收到的外来信号频率高，这也是得名“超外差”的原因。

第三，中频放大电路。中频放大电路又叫中频放大器，其作用是将变频电路送来的中频信号进行放大，一般采用变压器耦合的多级放大器。中频放大电路是超外差式收信机的重要组成部分，直接影响着此类收信机的主要性能指标。

中频放大电路采用了固定调谐的电路，这一特点与直放式短波收信机比较起来有以下优点：一是中频可以选择易于控制的、有利于工作的频率（如 465kHz），以便适合于管子和电路的性质，能够得到较为稳定和最大限度的放大量。二是各个波段的输入信号都变成了固定的中频，电路将不因外来频率的差异而影响工作，这样各个频带就能够得到均匀的放大。三是如果外来信号和本机振荡相差不是预定的中频，就不可能进入放大电路。在接收一个需要的信号时，混进来的干扰信号就在变频电路被剔除掉，加之中频放大电路是一个调谐好了的带有滤波性质的电路，所以收信机的灵敏度、选择性等指标都有所提升。

第四，检波和自动增益控制电路。检波的作用是从中频调幅信号中取出音频信号，常利用二极管来实现。音频信号通过音量控制电位器送往音频放大器，而直流分量与信号强弱成正比，可将其反馈至中频放大器实现自动增益控制（AGC），从而使检波前的放大增益随输入信号的强弱变化而自动增减，以保持输出的相对稳定。

超外差式收信机的缺点是线路比较复杂、晶体管和元件用得较多、成本较贵，同时也存在着一些特殊的干扰，如像频干扰、组合频率干扰和中频干扰等。

2. **短波收信机的模块功能**

短波收信机主要包含的模块有：母板模块、电源分配模块、主控制器模块、前面板模块、信道模块、频率合成器模块、谐波滤波器模块、功率放大器模块、天调接口模块。上述模块的基本功能如下。

（1）母板模块。母板模块完成内部各模块间的连接以及和外部的接口。

（2）电源分配模块。电源分配模块提供各部件所需的电压。

（3）主控制器模块。主控制器模块主要完成对电台的控制，通过母板模块和其他各模块连接。

（4）前面板模块。前面板模块主要完成人机接口和显示驱动功能，将有关的操作信息送到主控制器模块，并从主控制器模块获得显示内容。前面板模块的音频部分对接收的音频信号进行放大，以达到足以驱动扬声器和耳机的电平，接收音频从主控制器模块进入前面板模块，通过音量电位器到达扬声器音频开关和耳机放大驱动电路。前面板模块的音频部分将来自传声器的音频信号放大后送到主控制器模块。与前面板传声器相连的插座上，有以下类型的信号：耳机音频输出、传声器音频输入、来自传声器的“PTT”信号。

（5）信道模块。信道模块包括收信和激励部分。通过从母板模块数据信号来产生数字信号、收发转换信号，控制信道单元的工作。

在接收端，从天线送来的接收信号经带通滤波器、衰减网络后与一本振信号混频变一次中频信号。一次中频信号经放大、滤波后与二本振信号混频形成二次中频信号。典型信道单元常常采用数字化与模拟信道相结合的方法，二次中频以上的部分模拟和数字相结合，二次中频以下部分全数字化。

在发射端，来自音频处理单元的音频信号，经数字化调制处理后形成的二次中频信号，经放大和低通滤波再放大后，与二本振信号混频，成为一次中频信号。一次中频信号经窄带滤波与一本振信号混频形成的已调制射频信号。已调制的射频信号经可变衰减网络后，进行放大，放大至一定程度后送往功放。

（6）频率合成器模块。频率合成器模块提供两路本振信号，通过从总线接口单元上取得的数据信号控制产生相应的频率。一本振采用 DDS 技术和锁相环相结合的方法，提供一本振的振荡信号；二本振采用传统的锁相环技术，提供固定的二本振信号。

（7）谐波滤波器模块。谐波滤波器模块为到达信道单元的接收信号提供滤波或者为到达天调接口板或天线插座的发射信号提供滤波。

（8）功率放大器模块。功率放大器模块放大来自信道激励板的射频信号。

（9）天调接口模块。天调接口模块完成和天调的接口，实现收、发信机和天调之间的单根电缆传输。天调接口模块可以检测电台射频口的多种状态：是否连接天调、开路/短路、开机后断开天调、开机后接上天调等。

天调接口模块包括高通滤波器、低通滤波器、微电流检测电路、单音驱动和解调电路以及正反向功率检测电路。通过高、低通滤波器实现射频、直流和控制数据的合并和分离，通过微电流检测电路来实时检测天调的连接和断开情况。

二、短波功率放大器

短波功率放大器是整个短波发端系统的核心之一，负责对需要发射的短波信号进行功率放大，提升短波辐射的效率并扩大辐射覆盖范围。发信机主要是将电能转化为电磁波，并将能量以电磁波的形式辐射出去，是一种对能量的转换并增益的过程。

功率放大器的工作就是放大短波信号、增强短波辐射功率，并实现远距离的通信。而从技术的层面而言，功率放大器将激励器传来的射频信号进行放大。来自激励器的射频信号经过射频输入馈送到功率放大器，信号经前置放大器和推动放大器放大后，经放大的各路功率信号在混合式耦合器合并在一起，经保护电路馈送到谐波滤波器。功率放大器主要由前置放大器、推动放大器、功率分配器、高频功率合成器、放大器保护电路、放大器寂静电路这几大部分组成，在运行的过程中这些部分相互配合，共同完成功率放大任务。

在短波通信系统中，采用线性放大器可满足信号无失真传输要求，但效率很低。当采用效率较高的非线性放大器时，又会带来信号失真问题。通常功率放大器失真有两大类：第一类是器件的频率非线性引起的“频率-幅度”和“频率-相位”失真。信号的不同频率分量通过功率放大器时有不同的幅度增益和相位延迟，从而输出端合成信号不同于线性放大信号。这种频率失真并没有产生新的频谱分量，是一种线性失真，对窄带数字通信系统而言影响不大。第二类是由于放大器里的放大器件对不同幅度信号具有不同的传输特性而引起的失真，即不同幅度的信号通过放大器有不同的幅度增益和相位延迟。这种非线性失真，从频谱的角度看，会产生新的频率分量，干扰了有用信号并使放大信号的频谱发生变化，频带展宽。从时域角度看，会使输出信号的包络发生变化，引起波形失真。

为了使用高效率功放提高短波通信系统性能，可采用基带预失真技术在基带完成信号的预处理，实现线性化功率放大。功放预失真基本原理为：预失真器对输入信号进行预先处理，得到的预失真信号再通过功放放大，达到克服功放非线性，使得信号线性放大。

三、天线馈线系统

天线馈线系统也称为高频馈线系统，是指连接收、发信设备与天线之间的高频传输线。在固定台站中通信馈线比较长，馈线损耗是影响天线效率的重要因素，对它的主要技术要求是传输效率高和天线效应小，即不参与电磁波的辐射和接收。一般要求发信馈线损耗小于 1.5dB，收信馈线损耗小于 6dB。

高频馈线系统的损耗，包括馈电线本身因辐射、反射和衰减等造成的损耗，还包括天线开关和平衡-不平衡变换器等高频设备引起的介入损耗。天线辐射损耗的大小与馈电线形式和匹配情况有关，常用的平衡式馈电线，在阻抗匹配或接近匹配时辐射损耗很小以致可以忽略。采用同轴电缆和带屏蔽平衡电缆作馈电线时，一般不考虑辐射损耗。当馈电线与天线之间的阻抗不匹配时，将产生反射损耗，而且会降低馈电线所容许的负载功率，严重时会有发射机输出电路过载、过电压击穿绝缘体的危险。

馈电线的衰减损耗等于馈电线的衰减常数与其长度的乘积，衰减常数又与工作频率、导体和绝缘体的物理性能和尺寸等参数有关。平衡架空馈电线漏电引起的绝缘损耗不能忽略特别是在潮湿的天气或当导线上凝结冰霜时，绝缘损耗往往较大，馈电线还存在地面损耗，但当架设高度在 3.5m 以上时一般可以忽略。同轴电缆的衰减损耗比明线馈电线大得多，故一般只在机房内部或在离天线较近时使用。

高频馈线系统的功率损耗主要是因能量的反射和衰减引起的，为减小其损耗，必须使天线输入阻抗与馈电线特性阻抗良好匹配；对于宽频带发射天线，应设法减小天线输入阻抗随频率变化的程度，通常要求它的电压驻波比在工作频率范围内不大于 3。按结构形式的不同，最常用的馈线分为双线明线、同轴线和波导三种。

一般情况下，在传输线上总有两个方向的电磁波：一个是发射机向负载传播的电磁波，叫入射波；另一个是由负载反射后向发射机方向传播的电磁波，叫反射波。传输线上任一点的总电压和总电流就是入射波和反射波的叠加。根据入射波是否被反射和反射的程度，传输线有三种工作状态：行波状态、驻波状态及行驻波状态。

第一种，行波状态。当负载阻抗等于传输线的特性阻抗（即匹配）时，入射波全部被负载吸收而不反射，此时沿线传播的电磁波被称为行波，传输线工作在行波状态。此时辐射效率最高，是传输线的最佳工作状态。工作在行波状态的传输线称为行波线。无耗行波线上各点电压、电流振幅均相等，同一点上的电压和电流同相，输入阻抗和线上各点的等效阻抗均呈电阻性，并均与馈线的特性阻抗相等。

第二种，驻波状态。当传输线末端短路或开路时，入射波全部被反射，反射波和入射波叠加形成驻波。工作于驻波状态的传输线称为驻波线。驻波不随时间沿线朝一个方向前进，不能传输能量。驻波线沿线电压振幅和电流振幅是不等的，最大值称为波腹点，最小值称为波节点。波腹值为入射波振幅的两倍，而波节值为零。除了波腹点和波节点外，线上各点的等效阻抗是纯电抗。在电流波节点，等效阻抗为无穷大；在电流波腹点，等效阻抗为零。

第三种，行驻波状态。当负载阻抗为不等于线特性阻抗的纯电阻或复阻抗时，负载只反射部分入射波，使线上既有行波又有驻波，称为行驻波。无损耗线上，行驻波波节点的振幅不为零，波腹点的振幅小于入射波振幅的两倍。除波腹点和波节点外，各点的等效阻抗均为复阻抗。电流波节点和波腹点处的等效阻抗呈电阻性，波节点处最大，波腹点处最小。

四、短波数字化技术

（一）软件无线电技术

软件无线电的基本思想是以一个通用、标准、模块化的硬件平台为依托，通过软件编程来实现无线电台的各种功能。软件无线电采用标准的、高性能的开放式总线结构，以利于硬件模块的不断升级和扩展。

利用软件无线电技术来改变短波通信系统的结构，研究新型的基于软件无线电的数字化短波系统，是现代短波通信一个新趋势。对于短波通信而言，由于系统的工作频率相对较低，降低了对 A/D 电路的性能要求，可以利用现有器件实现 RF 射频信号的数字化，这是实现软件无线电的一大优势。软件无线电技术不仅为新一代短波通信设备提供了最佳的解决方案，并且为短波通信体制的突破发展提供了有利的研究基础。

利用软件无线电思想，采用高速 A/D 和 D/A 转换器以及高速 DSP，可以实现具有开放结构的短波软件无线电。这个系统主要包括基带通用数字信号处理部分、数字上下变频处理部分、宽带 A/D（D/A）转换器以及射频前端模块，基带信号处理一般采用通用 DSP 实现，完成比较复杂的信号处理、控制等算法，对于较高速率的数字变频部分，一般采用 FPGA 或专用 ASIC 芯片来实现。

软件无线电对硬件平台的技术要求与器件技术发展水平决定着软件无线电系统的实现和发展。就目前而言，将短波系统逐步数字化是合理的选择。在设计新的短波通信系统时，要充分考虑与现有系统技术体制、工作模式等方面的兼容与互通。因此，在实际应用中短波软件无线电的发展过程是，先实现短波中频数字化，然后实现射频数字化，最终发展为真正意义上的短波软件无线电。

（二）短波中频数字化

对短波通信系统而言，直接在射频端进行 A/D 转换存在以下难点：一是会影响接收机的选择性和灵敏度指标。一般射频频段内会存在若干强窄带干扰，当所期望的接收信号很弱或相对于干扰有用信号很小时，A/D 转换器（即，ADC）需要具备很大的信号动态范围，所以对 ADC 指标要求很高，其实现难度较大。二是数字信号处理器对射频窄带信号进行信道分离解调的难度很大。目前对传统短波电台的数字化改造设计大都保留了电台的射频以及模拟混频环节，在频率相对较低并且固定的中频处进行数字化处理。

短波中频数字化实现结构一般可分为一次中频数字化结构和二次中频数字化结构，为了便于收、发信机共用硬件，通常收、发信机采用相同的中频数字化结构。下面以接收机为例，分析采用中频数字化方法的优点。

接收机的基本原理是在短波频段信号中，利用滤波和放大的方法提取有用信号，其中滤波是接收机中最关键的技术。对于频率范围 1.5～30MHz 为载波的有用信号频段，在理想情况下，可以用中心频率可变的带通滤波器直接滤出有用信号，但在短波频段范围内，中心频率可变的窄带带通滤波器在技术上是难以实现的。所以中频数字化结构仍然采用了超外差体制，这样可以用一个中心频率固定的陶瓷、晶体或声表面滤波器，对信号进行滤波，此时滤波器的通带和阻带指标均可以得到保证。

模数转换的性能是决定整个数字化接收机的关键技术指标，采用中频数字化接收机方案可以有效保证 A/D 转换的采样性能，同时降低对 ADC 的技术要求。

采用中频数字化接收机方案，可以合理分配接收机的多个指标，方便进行综合优化。短波一次中频数字化信道机实现结构，主要由射频前端、模数采样、数字上下变频、数字基带处理等部分组成。

对于一次中频数字化发射机而言，信号经过基带处理模块，实现各通信业务波形的调制，如单边带（SSB）、双边带（DSB）、调幅（AM）及等幅报（CW）等信号的调制。然后通过数字上变频模块，主要由数控振荡器（NCO）、乘法器、插值滤波器等组成，实现信号的频谱搬移。最后经过数模转换后与本地载波相乘，经带通滤波以及功率放大后，由天线输出。

对于接收机而言，从天线接收下来的射频信号，经过低噪声放大、混频、带通滤波、抗混叠滤波、模拟 AGC 和中频放大等电路，由 ADC 进行信号模数转换，完成信号的采样。然后经过数字下变频模块实现信号的频谱搬移和抽样速率变换，最后通过基带处理模块完成信号解调。

在一次中频数字化的实现结构中，通常要求中频载频 f_1 要大于短波频段最高频率（30MHz），其典型值为 $f_1=70.455\text{MHz}$。这种相对较高的载频便于带通滤波器设计和实现，并且由于 f_1 在短波频段外，本振泄漏对接收信号的干扰较小。

对载波为 $f_1=70.455\text{MHz}$ 的中频信号进行 A/D 转换时，若采用奈奎斯特采样，则要求采样率大于 141MHz，需要选用高性能 ADC。而目前采样率满足要求且采样位数大于 14bit 的可选 ADC 很少，并且成本很高。因而通过欠采样降低采样速率，即降低对 ADC 的性能指标要求是一种可行的方法。欠采样不仅会引入镜像信号的混叠，还会引入比低通采样更严重的噪声混叠。通过对一次中频带通滤波器进行优化设计，可以有效地降低混叠干扰，但此时带通滤波器的实现变得较为困难，因此通常采用二次中频方案。

二次中频方案采用二次混频、二次带通滤波和二次中频放大，可以对各级的指标进行合理分配，达到整体指标的优化。在二次中频方案中，通常二次中频小于短波频段最低频率（1.5MHz），其典型值为 $f_2=455\text{kHz}$，此时可以大幅度降低对 ADC 采样速率的要求。

采用多次混频结构有利于射频小信号的选择、放大和滤波，同时对电台的抗阻塞干扰、镜像抑制及边带抑制等性能指标的提高具有明显作用。

（三）短波射频数字化

随着硬件技术水平不断地提高，软件无线电的实现将从低频段逐步走向高频段。现在高速 A/D 与 D/A 转换技术、DSP 技术已有长足的发展，软件无线电短波电台的实现成为可能。一种基于软件无线电的射频数字化短波收、发信机新方案出现，该方案将高速 A/D 与 D/A 转换器接入短波电台射频前端，几乎所有的控制、配置与信号处理都由软件来实现，与传统的短波电台以及中频数字化电台相比有一个新的飞跃。射频数字化短波收发信机与已有的电台相比，它的主要优点体现如下。

第一，增强了灵活性与跟踪最新技术的能力。射频数字化短波收发信机的工作频率、信号带宽、调制方式、纠错编码、通信协议等都是通过软件来定义的，能够动态地适应传输系统的变化。短波通信新技术不断地涌现，基于软件无线电的射频数字化短波收、发信机为这些新技术的实现提供了一个理想的试验平台。例如，现有的短波电台的传输数据速率一般最高为2.4kbit/s，这一传输速率越来越不能满足高速数据传输的需要。为了提高数据传输速率，就需要增加短波电台的信道带宽，而现有的短波电台中频晶体滤波器的带宽为6kHz，且不可变。因此，现有的短波电台是难以通过增加信道带宽、采用相应的调制方式来增加数据传输速率，而射频数字化短波收、发信机的信道带宽是由软件控制的，具有很强的灵活性，为新技术的应用提供了很好的试验平台，一旦成功就可以投入使用。

第二，提高了系统的性能。与现有的短波电台相比，射频数字化收、发信机在边带抑制、载波抑制、带内波动、跳频换频时间等方面的性能都得到了提高，一些性能指标的提高幅度很大。例如，已有电台跳频换频时间一般约为5ms，若每秒20跳，则每一跳驻留时间为50ms，因此有1/10的时间是不能传输数据的，而射频数字化收、发信机的跳频转换时间小于1us，这是由于采用数字控制振荡器替代了模拟的电压控制振荡器，从而降低了换频时间，增大了跳频工作模式下的数据传输速率。

第三，降低了成本，减小了体积。射频数字化收、发信机不再需要模拟混频、数字频率合成器、中频带通晶体滤波器、边带晶体滤波器等模块，从而降低了电台的硬件成本；数字部分生产一致性好，在电台中占有的比例大大提高，从而降低了人工费用；新产品的开发更大程度地转移到软件上来，从而降低了新产品的开发费用。因省去了模拟混频、数字频率合成器等模块，使电台的体积更小。

第四节　短波通信天线技术

用来辐射或接收电磁波的装置称为天线，天线的工作过程是发射机产生的高频震荡能量，经过发射天线变为电磁波能量，并向预定方向辐射，通过媒质传播到达接收天线。接收天线将接收到的电磁波能量变为高频震荡能量送入接收机，完成无线电波传输的全过程。

一、天线的辐射原理与类型

（一）天线的辐射原理

天线本身就是一个振荡器，但又与普通的LC振荡回路不同，它是普通振荡回路的变形。电磁波的能量从发信天线辐射出去以后，将沿地表面所有方向向前传播。若在交变电磁场中放置一根导线，由于磁力线切割导线，就在导线两端激励一定的交变电压电动势，其频率与发信频率相同。若将该导线通过馈线与收信机相连，在收信机中就可以获得已调波信号的电流。这个导线就起了接收电磁波能量并转变为高频信号电流能量的作用，称此导线为收信天线。无论是发信天线还是收信天线，它们都属于能量变换器，“可逆性”是一般能量变换器的特性。同样一副天线，它既可作为发信天线使用，也可作为收信天线使用，通信设备一般都是收、发共同用一副天线。因此，同一副天线既关系到发信系统的有效能量输出，又直接影响着收信系统的性能。

天线的可逆性不仅表现在发信天线可以用作收信天线，收信天线可以用作发信天线，而且还表现在天线用作发信天线时的参数，与用作收信天线时的参数保持不变，这就是天线的互易原理。导线载有交变电流时，就可以形成电磁波的辐射，辐射的能力与导线的长短和形状有关。如果两导线的距离很近，且两导线所产生的感应电动势几乎可以抵消，因而辐射很微弱。如果将两导线张开，这时由于两导线的电流方向相同，由两导线所产生的感应电动势方向相同，因而辐射较强。当导线的长度远小于波长时，导线的电流很小，辐射很微弱。当导线的长度增大到可与波长相比拟时，导线上的电流就大大增加，因而就能形成较强的辐射，通常将上述能产生显著辐射的直导线称为振子。

（二）短波天线的类型

短波天线分地波天线和天波天线两大类。地波天线发射出的电磁波是全方向的，并且主要以地波的形式向四周传播，故称全向地波天线，常用于近距离通信。地波天线的效率主要取决于天线的高度和地网的质量。天线越高、地网质量越好，发射效率越高，当天线高度达到 1/2 波长时，发射效率最高。天波天线主要以天波形式发射电磁波，分为定向天线和全向天线两类。天波天线简单的规律为：天线水平振子长度达到 1/2 波长时，水平波瓣主方向的效率最高；天线高度越高，发射仰角越低，通信距离越远；反之，天线高度越低，发射仰角越高通信距离越近；天线高度与波长之比（H/λ）达到 1/2 时，垂直波瓣主方向的效率最高。短波天线的主要类型如下：

1. 双极天线

双极天线结构简单，架设、撤收、维护方便，一般用于网路或专向通信，它的通信效率比地波天线高，当其架设高度小于 0.3λ 时，向高空方向（仰角 90°）辐射最强。当通信距离较远时，这种天线增益较低，方向性不强（电波易产生多次跳越传播），且波段性能较差，故不宜采用。

双极天线又称为水平对称振子或 π 形天线，它由臂长为 L 的两个臂组成，两臂的中间是下引线（馈线），振子臂和下引线可用单根铜线或铜包钢线做成，也可用多股软铜线。

导线的直径根据所需的机械强度和功率容量决定，一般为 3～6mm。天线体与地面平行，两端用绝缘子与天线拉线相连，并用天线杆固定。为了降低绝缘子的介质损耗，绝缘子宜用高频瓷材料。为了避免在拉线上感应较大电流，应在距离振子两端 2～3m 处的拉线上再加一个绝缘子。因此，两根天线杆间的距离应为（21+5～6）m。当天线的长度 $L=12$m 或 22m 时，其特性阻抗通常为 1000Ω 左右，馈线使用 10m 长的双导线，其特性阻抗为 600Ω。这就是移动通信常用的 44m 或 64m 双极天线。

2. 鞭状天线

鞭状天线是一种小型、轻便的直立天线，多是可伸缩、可弯曲的有顶载或无顶载的垂直接地天线，其外形如鞭状，故称为鞭状天线，它沿地面方向的电场最强，而其他高射角方向发射较弱或者为零，架设时通常是垂直架设，故又称为直立天线或垂直天线。鞭状天线结构简单，使用携带方便，便于隐蔽和伪装，适于运动中的无线电台使用。其主要缺点是效率低，主要表现在：与周围环境耦合较紧，当邻近天线的物体或地面的条件变化时，天线的输入阻抗也相应变化，从而导致天线回路的失谐，造成发射时辐射功率的下降或接收时信噪比的变劣。

3. 短波全频段多馈多模全向天线

短波全频段多馈多模全向天线是一种具有宽频带、全向、能同时辐射高低仰角波束的天线，可以实现全方位，远、中、近距离的通信。多馈：指一副天线可供三部收、发信机同时工作。多模：指一副天线可形成 3 个主波束；其中 2 个高角波束，1 个低角波束，因此可同时实现近、中远距离通信。高角波束也叫高角模，低角波束也叫低角模。全向：指天线可在 360°方向上实现通信，也就是可在全方位近、中远的距离上同时完成一点对多点的通信联络。

短波全频段多馈多模全向天线为单塔倒锥对数周期螺旋线结构，配以特制的馈电网络，可同时供三部或三部以上发射机使用，在一定的条件下，也可收发同时使用。该天线在水平平面为全向辐射，在垂直平面具有三种不同辐射仰角的波束，因此可在全方位近、中、远的不同距离上，同时进行一点对多点或多点对一点的通信。短波全段多馈多模全向天线具有波段宽、可全方位收发信、能供三部收发信机同时工作等特点，常用于近、远距离的固定台站通信。多馈多模全向天线主要由垂直的钢管主塔、6 根玻璃钢管支撑的天线幕、核心部件馈电网络、上下拉线等四部分组成。

4. 三线式高效宽带天线

三线式高效宽带天线的两极由三条平行振子组成，工作频段为 2～30MHz，不用天调。

与普通双极宽带天线相比，三线天线具有以下显著优势：一是三线天线有 3~5dBi 的相对增益，而且在全频段基本上保持 2∶1 以下的优异驻波比，而普通宽带天线在很多频率上的驻波比超过 2.5∶1，因此三线天线的辐射效率明显高于普通宽带双极天线。二是普通双极天线重心偏斜，随风摆动，状态不稳定，影响通信效果且容易损坏。而三线天线的形态和结构非常合理，架设后三条振子始终保持水平，性能稳定，且抗风能力强，不易损坏。三是普通宽带天线只能平拉架设，而三线天线有平拉和倒“V”两种架设方式，具有多种用途。四是三线天线在近距离（覆盖盲区）的通信效果远比普通双极天线和笼形天线更佳，中远距离通信效果也相当好。三线天线的架设方式及其不同用途如下。

（1）平拉架设（用于定向通信）：这种架设方式在天线的宽边方向的辐射强于窄边方向（如东西向架设时，南北向为宽边），因此适合点对点或点对扇面定向通信。配用 125W 电台最大通信距离可达 2000~3000km。两侧支架高度以 $\lambda/4$ 为佳（如 $F=10$MHz，支架最佳高度约 7.5m），通常以常用频率的均值设计支架高度。若受场地限制，也可以利用建筑物作为支架。说明：三线天线长度取决于最低工作频率，提供 30m 和 50m 两种标准长度，均满足 1.6~30MHz 下限工作频率。如果实际使用的下限频率较高，可以适当缩短天线长度。

平拉架设主要用于点对点定向通信或点对扇面的通信。三线天线平拉架设方法与普通宽带天线相同，都是在天线的两端架设高杆，将天线在两杆之间拉直。但是三线天线平拉架设的方向图与普通宽带天线不同。在较低频率下，普通宽带天线的方向图是双球形，方向性强，在天线的窄边方向没有辐射；而三线天线的方向图是椭圆形，不仅在宽边方向辐射很强，在窄边方向也有一定的辐射。因此三线天线在平拉状态下能够兼顾窄边方向的通信，适应性比普通宽带天线要强得多。

（2）倒 V 架设（用于全方向通信）：倒 V 架设是将天线中央部位悬挂在支撑杆顶端，两边斜向拉直，振子对地夹角约 55°。这种架设方式产生全方位辐射，而且兼顾水平极化波和垂直极化波，对外围各方向的水平天线、鞭状天线、环状天线的通信效果都很好，适合做中心站天线，配用 125W 电台通信半径可达 1500km。天线长度为 30m 时，中央架高 15m，两侧架高 2m，间距 18m。倒 V 架设方式是三线天线独有的方式。这种架设方式产生 360°全向辐射，在较低频率下还能够产生高仰角辐射，因此能够胜任通信网的中心站天线。特别是对于移动中心站通信，三线天线的优势更为明显。

5. 对数周期天线

对数周期天线具有较强的方向性和天线增益等特点，常用于要求比较高的远距离定向通信，特别适用于短波天波通信。对数周期天线几何结构（形状和尺寸）是按频率的对数规律排列的。对数周期天线的电特性是按频率成对数周期关系变化的，在每一个周期内的变化很小，因而在很宽的频带范围内变化也很小。对某一频率而言，对数周期天线只有一部分单元工作（辐射电波），其余单元都不工作。工作频率改变时，则变为另一部分单元工作。常用对数周期天线种类很多，其中对称振子式等对数周期天线最为常用。

6. 笼形天线

笼形天线是双极天线的改进型，它比双极天线工作频带宽，天线与馈线的匹配程度也比双极天线好，其结构比双极天线复杂，不便于架设和撤收、隐蔽，不适合移动电台使用，适用于固定通信台站。

7. Γ 形天线

Γ 形天线属于不对称的地波天线，结构简单、架设方便、便于机动，适合野战电台使用。这种天线的效率也比较低，但比鞭状天线的效率高。Γ 形天线相当于鞭状天线顶端增加了一个水平臂，水平臂可由单导线或 3～4 根并排导线组成，其外形像倒置的英文字母“L”，故又称为倒 L 形天线，它与鞭状天线在结构上不同之处是增加了一个水平臂，使 Γ 形天线在水平方向上具有方向性。

Γ 形天线的方向性取决于水平臂长度 L 与架设高度 H 的关系：①当天线架高度 H 较低，且 $L<H$ 时，其方向性与加顶鞭状天线相同，可以把 Γ 形天线看成加顶负载的鞭状天线；②当天线架设较高，水平臂较短时，水平部分发射较弱的天波，垂直部分发射较强的地波；③当天线架高在 8m 以上，水平臂长 $L>H$，并接近 $\lambda/4$ 时，主要发射天波；④天线架设较低，水平臂较长，且都小于 $\lambda/4$ 时，主要发射地波，最大辐射方向在水平臂伸展的相反方向。

Γ 形天线架设时长度和高度的选择原则包括：Γ 形天线 $L+H$ 的值不能超过 0.5λ，否则天线将出现反相电流，使天线性能变差。一般 L 与 H 的尺寸差不多，L 可稍长于 H。例如工作波段为 1～6MHz 时，L 和 H 的尺寸分别是 12m 和 10m。

8. 伞锥天线

套筒单级子天线是最简单的垂直极化全向天线。为了展宽频带，把与同轴线内导体相连接的单极子变成有一定长度的金属圆盘；把与同轴线外导体相连接的套筒变成圆锥，套筒单极子天线就变成了宽频带盘锥天线。当天线工作频段落在 4.5～26MHz 的频段，甚至 2～30MHz，由于盘锥天线的盘变得很大，在工程上很难实现，为此需要把盘锥天线作些变形变成伞锥，即把盘锥的盘变成像伞一样的许多伞线，把盘锥由固定夹角构成的金属锥变成由不同夹角折线构成的许多圆锥线。伞锥天线由支撑杆支撑，用高频同轴馈管电缆在支撑杆的顶部馈电，同轴线的内导体与伞线相连，伞线的末端用高频绝缘子隔开并固定在外地锚上。位于锥线下端呈指数变化的圆锥线上端与同轴线的外导体相连，再延长到伞线的外地锚上。

二、短波天线自动调谐系统

下面主要探讨基于矢量阻抗检测技术的短波天线自动调谐系统，常见的技术途径主要如下：

第一，系统本身产生两路具有确定频率相位关系的短波信号；一路经电压电流取样放大后与另外一路进行混频，滤波取混频后的差频，即下变频处理；数字处理器首先对混频输出的低频信号进行采样；采样后的信号再由数字信号处理器通过算法计算天线的矢量阻抗值。这种方式需在系统中多加入两路 DDS 信号源以及混频模块等，模块设计复杂。实际的测量精度会受产生信号的质量、电压电流采样电路精度、两混频器一致性设计等的影响。

第二，通过在电路中加入确定参数的电容电感后，列出多个方程式，通过数字处理器解出天线阻抗的参数。这种方式实现结构简单，但阻抗的测量精度会受加入电容电感精确度以及参数测量精度的影响。对矢量阻抗检测技术的原理研究较多，在仿真环境中，很多参数都被理想化，这使得仿真的结果往往可以达到预期效果。但在实际系统实现时，受各模块检测精度以及元器件精度的影响，则会出现无法预期的实现结果。因此，矢量阻抗检测的实现基本上还是处于实验室阶段，市场上还没有类似产品的出现。

三、短波天线工程注意事项

（一）正确架设天线与连接馈线

选购好合适的天线后，必须正确地安装架设，才能发挥出最佳效果。天线的长度和架设规范是不能改变的，但对于某些天线而言，架设的方向和高度是靠用户自己掌握的，应严格按通信的方向和距离来确定方向和高度。天线的架设位置以开阔的地面为好，没有条件的单位也可以架在两个楼房之间或楼顶。天线高度指天线发射体与地面或楼顶的相对高度。架在楼顶时，高度应以楼顶与天线发射体之间的距离计算，不是按楼顶与地面的高度计算。

馈线是将电台的输出功率送到天线进行发射的唯一通道，如果馈线不畅通，再好的电台和天线通信效果也是很差的。馈线分为明馈线和射频电缆两类。目前 100~150W 电台一般都使用射频电缆馈电方式。选用射频电缆时要注意两项指标：一是阻抗为50Ω；二是对最高使用频率的衰耗值要小。一般而言，射频电缆直径越粗，衰耗越小，传输功率越大。在实际使用中，100W级短波单边带电台，常选用SYV-50-5或SYV-50-7的射频电缆，必要时也可以选SYV-50-9的射频电缆。

天线在进行安装选位和布设时，应尽可能缩短馈线的长度，普通SYV-50-5馈线每1m造成信号衰减0.082dB，这意味着100W电台功率通过50m馈线送达天线时，功率剩下不到40W。因此通常要求馈线长度控制在30m以内。如果因为场地条件限制必须延长馈线，则应采用大直径低损耗电缆。另外在布设电缆时，应尽量减少弯曲，以降低对射频功率的损耗如果必需弯曲，则弯曲角度不得小于120°。

（二）电台与天线、馈线之间匹配

电台与天线、馈线之间的匹配必须引起高度重视，否则虽然电台、天线、馈线都选得很好，但通信效果还是不好。所谓“匹配”就是要求达到无损耗连接，只有电台、馈线、天线三者保证高频输入、输出阻抗一致，才能实现无损耗连接。多数短波电台的输入、输出阻抗为50Ω，必须选用阻抗为50Ω的射频电缆与电台匹配。天线的特性阻抗比较高，一般为600Ω左右，只有宽带天线的特性阻抗稍低一点为200~300Ω，因此，天线不能直接与射频电缆连接，中间必须加阻抗匹配器（也叫单/双变换器）。阻抗匹配器的输入端阻抗必须与射频电缆的阻抗一致（50Ω），输出端阻抗必须与天线的输入阻抗一致（600Ω或200/300Ω）。阻抗匹配器的最佳安装位置是与天线连为一体。

自动天线调谐器也是匹配天线和电台阻抗用的。自动天调（即，自动天线调谐器）的输入端与电台连接，输出端与单极天线连接。自动天调与偶极天线连接时要根据不同产品而定。有些天调要求加单/双变换器，天调与单/双变换器之间用50Ω射频电缆相连（芯线接天调输出端，外皮接天调的接地端），单/双变换器的双输出端与天线连接；多数新型天调不用加单/双变换器，用天调的输出端和接地端分别连接偶极天线的两臂，匹配效果更好，而且效率更高。

（三）正确埋设接地体与连接地线

地线是很多用户容易草率处理的部分，短波通信台站的地线是至关重要的，地线实际上是整个天馈线系统的重要组成部分。此处的地线，不是交流供电系统中的电源地。这里所说的地线是信号地，也称高频地。信号地一般不能接到电源地上，必须单独埋设。埋设接地体时，必须按有关标准进行，接地电阻不应大于4Ω。电台的接地柱和接地体之间，必须用多股线铜、编织铜线或大截面优良导体连接，才能起到良好的高频接地作用。而良好的高频接地是减小发射驻波和减小接收噪声的必要前提。同时，接地线还有一个重要因素，那就是对操作员人身安全起到保护作用。

思考练习：

1. 短波通信系统由哪几方面组成？
2. 简述短波信道的传输特性有哪些？
3. 概括短波天线工程设计中应该注意的方面。

第三章　光通信系统

学习目标：

1. 认识光通信系统。
2. 厘清光纤传输的原理。
3. 了解全光通信系统与紫外光通信技术。

第一节　光通信系统的认知

“光通信是指利用光这种频率极高的电磁波进行信息传递的通信方式”①。中国早在两千多年前的西周就开始利用烽火台进行简易长距离快速军事通信。烽火台通信是现代接力通信的雏形，每个烽火台就是一个通信中继站。当边关有战事时，烽火台按白日生烟、夜间点火的方式示警。唐代边关每 30 里置一烽燧，如有山冈阻隔，便置于适宜、近便之处，以能互望为宜，并以 1 炬至 4 炬表示来敌的数量，并一级接一级地往下传，很快即可将信息送达目的地。无敌情时，需在每日初夜放烽 1 炬，以示平安。这种光通信方式可以称为快速军事通信协议的鼻祖，但缺点是能传输的信息量太小，无法表达战事的详细情况。18 世纪末，法国人布普发明了扬旗式通信机，每隔数千米设置一座塔，塔上装有 3 块可活动的木板，木板以不同的运动姿态代表不同的信息，各站以接力方式将信息传到目的地，这种通信方式是现代编码通信技术的雏形。而现在，这种基于目视的手语、灯语旗语等简易光通信方式仍然在军事、交通及其他特殊领域有一席之地。现代通信通常是使用电磁波谱的某个频段，利用调制加载基带信息，并在终端解调恢复基带信息的过程。1844 年美国人莫尔斯发明了有线电报，标志着人类进入了电通信时代。此后贝尔发明了电话，马可尼、波波夫发明了无线电通信。20 世纪 50 年代微波通信技术飞速发展，卫星通信可实现基于该频段的长距离通信，而到 20 世纪 70 年代，单根同轴电缆上可同时开通数千路的载波电

① 卢麟. 光通信系统与网络［M］. 北京：国防工业出版社，2020：1.

话电通信处于绝对统治地位。

众所周知，基于电磁波的现代通信的容量与所使用的载波频率成正比，这就促使人们对载波频段无休止地追求。开发利用毫米波、亚毫米波，甚至远红外波段就成为通信技术发展的自然趋势。但遇到了高频信号产生，大气层中的水汽对毫米波、亚毫米波的强烈吸收，大气电磁参数的不稳定等难以克服的技术问题，导致毫米波、亚毫米波难以作为信息载体而被有效利用。

而光波频率比毫米波还要高 1000 倍，利用光波作为信息载体，其通信容量比传统的电通信方式要有大飞跃。现代意义的空间光通信可以追溯到 1880 年贝尔研制的光电话，他利用弧光灯作为光源，调制器直接采用话筒的振动膜，将声音转化为光强的变化，调制后的光经大气传输到接收端，由抛物面镜汇聚到光电池上，产生强度变化的光电流，驱动听筒发声。但是这种光电话系统在光源、信道接收和复用等关键部分上都存在缺陷，这正是现代光通信所需要解决的问题。

现代意义的光通信系统，首先需要稳定的好光源，以便于光波进行高速调制，使其承载高速数据信息；其次要有低损耗、稳定可靠的信道；最后在接收端还必须将其快速准确再现。1960 年，美国休斯飞机公司的科学家梅曼发明了世界上第一台激光器，利用光的受激辐射放大机理产生了相干性极好的光源，这种光源发出的相干光束即可成为高速信息数据的载体。自从激光器问世以后，利用激光束作为信息载体实现宽带通信就成了人们追求的目标。1970 年，美国贝尔实验室研制成功可以在室温下连续工作的半导体激光器，为光通信提供了实用化的光源。以大气为传输介质的激光通信技术受到了很多人的关注。但是光波在大气中传播会受到大气中的水汽的强烈吸收且易受遮挡。因此除了星间通信系统以外，在地面上实现长距离传输极为困难，因而大气激光通信技术未能成为主流技术，最好的解决措施就是将光波注入透明的光波导传输。这种构想早在 20 世纪初即已由德拜提出，但直到 20 世纪 60 年代，用当时最好的光学玻璃做成的光学纤维其损耗也高达每千米 1000dB，这意味着光信号传输 1km 后能量只剩下原有的 10 的 100 次方分之一。用这样的光学纤维显然无法实现光信号的长距离传输。1966 年 7 月，33 岁的工程师高锟就光纤传输的前景发表了具有重大历史意义的论文《光频率介质纤维表面波导》。论文分析了玻璃纤维损耗大的主要原因，并指出：只要能设法降低玻璃纤维的杂质，就有可能使光纤的损耗从每千米 1000dB 降低到 20dB，从而有可能用于通信。1970 年，美国康宁公司根据高锟的理论研制成功第一根低损耗光纤，从此阻碍光通信发展的两大困难相继得以解决。20 世纪 70 年代以后，光纤通信技术成为主流技术，人类进入了光通信时代。与其他的通信方式相比，光通信的主要优势体现在以下几个方面。

第一，巨大的传输带宽。石英光纤的低损耗频段为1.31～1.65μm，单根光纤的可用频带几乎达到了200THz。这是任何其他传输介质所无法提供的。

第二，超长传输距离。目前工业制造的光纤在1.55μm波段已降至0.2dB/km以下。掺铒光纤放大器（Erbium Doped Fiber Amplifier，EDFA）在1.55μm波长附近数十个纳米的波长带宽内对光波的透明放大，再加上光纤分布式放大技术可以有效地补偿光纤损耗，可使光纤通信的无中继通信距离超过600km。

第三，极高的可靠性。光纤通信网络从器件到整机、从系统到网络、从底层到高层的一体化可靠性保障使得光纤通信网络的可用性超过99.99%，对应年故障时间小于5min。光纤通信可抗强电磁干扰，不向外辐射电磁波，既提高了保密性，也不会产生电磁污染。

此外，重量轻、体积小、功耗低、成本低也是光纤通信系统与网络的优势所在。正因为光纤通信具有上述特点，所以自20世纪70年代以来，光纤传输容量几乎每年翻一番，由最初的多模光纤加多纵模激光器的光纤通信系统，发展到了以密集波分复用与掺铒光纤放大器相结合的第四代光纤通信系统和目前以相干光通信为代表的第五代光纤通信系统。传输速率由当初的每对光纤数十兆比特每秒发展到当今的107bit/s以上，并持续向大容量、长距离和高可靠方向发展。

第二节　光纤传输原理与器件

一、光纤传输的基本原理

光纤传输的原理是利用光在光纤中的全反射特性，以实现信息的高效、快速传输。在发送端，先将需要传输的信息（如声音、数据等）转换成电信号，这些电信号通常是以电流或电压的形式表示的。然后，这些电信号被调制到激光器发出的激光束上。激光器会发出一种特殊类型的光，这种光的强度可以由电信号控制，使其随电信号的幅度（频率）变化而变化。这个过程称为调制，它使得光信号中包含了需要传输的信息。调制后的光信号通过光纤进行传输。光纤是一种由玻璃或塑料制成的细长管子，具有很小的横截面，而且可以弯曲。光在光纤中传播时，会发生全反射，也就是说，光会在光纤的内部反射，而不会泄漏出去。这种全反射特性使得光可以在长距离内保持其强度和方向，从而实现远距离的光纤传输。

在接收端，检测器会接收到通过光纤传输过来的光信号。这个检测器会检测光信号的强度，并将其变换成电信号，这个过程称为光-电转换；然后，这些电信号经过解调处理，以恢复原始信息。解调是将原先调制到光信号上的电信号重新提取出来的过程；通过解调后的电信号，就可以恢复原始信息，实现信息的接收。

总体而言，光纤传输的原理是将信息转换成电信号，调制到激光束上，然后通过光纤传输到接收端，再经过检测器和解调处理，最终恢复原始信息。这种光纤传输技术具有传输距离远、传输速度快、传输容量大等优点，因此在现代通信中被广泛应用。

二、光纤传输的器件分析

第一，光纤放大器。它利用光纤中的稀土元素（如铒、铋、镨等）的特殊能级结构，将输入光信号进行放大。光纤放大器具有带宽宽、噪声小、输出功率高等优点，是光纤通信系统中不可或缺的重要器件。

第二，光纤激光器。它以光纤作为腔体，利用掺杂光纤中的稀土元素（如镱、钕等）与光相互作用产生激光。光纤激光器具有输出波长稳定、光束质量好、结构紧凑等优点，在激光雷达、光学通信、光学传感等领域得到广泛应用。

第三，光纤耦合器。它用于将多个光纤中的光信号进行耦合，实现光信号的分配或组合。光纤耦合器具有插入损耗低、可靠性高等优点，是实现多路光信号传输的关键器件。

第四，光纤偏振器。它利用光纤中的双折射效应，将输入光变成线偏振光。光纤偏振器具有体积小、插损低、稳定性高等优点，在光学通信、光学传感等领域得到广泛应用。

第五，光纤滤波器。它利用光纤中的干涉效应，从不同波长的光波中选出或滤除特定波长的光波。光纤滤波器具有插入损耗低、通带带宽窄、稳定性高等优点，在光学通信、光学传感等领域得到广泛应用。

第六，光发射器和光接收器。它们是实现光信号的发送和接收的器件。光发射器将电信号转化为光信号进行传输，光接收器则将接收到的光信号转化为电信号进行处理。

以上这些器件在光纤通信系统中各自发挥着不同的作用，共同实现光信号的传输。

第三节　全光通信系统

20 世纪末出现的因特网标志着人类社会已进入一个崭新的时代——信息化时代。在这个时代，人们对信息的需求急剧增加，信息量迅速增长，传统的通信技术已经很难满足不断增长的通信容量的要求，于是，一些新兴的通信技术就产生了，在诸多的通信技术中，光通信技术凭借其巨大潜在的带宽容量的特点，已成为支撑通信业务量增长最重要的通信技术之一。但在目前的光纤通信系统中，存在着较多的光/电、电/光变换过程，而这些转换过程存在着时钟偏移、严重串话、高功耗等缺点，所以很容易产生通信中的“信息瓶颈”现象。为了解决这一问题，要充分发挥光纤通信的极宽频带、抗电磁干扰、保密性强、传输损耗低等优点，于是全光通信技术就应运而生。

“全光通信技术是一种光纤通信技术，该技术是针对普通光纤系统中存在较多的电子转换设备而进行改进的技术；该技术确保用户与用户之间的信号传输与交换全部采用光波技术，即从源节点到目的节点的数据传输过程都在光域内进行，而各网络节点间的数据交换则采用全光网络交换技术”①。

一、全光通信的实现阶段

全光通信的实现可以分为两个阶段来完成。首先，在点-点光纤传输系统中，整条线路中间不需要进行任何光/电和电/光转换。在这个阶段，网内光信号的流动没有光电转换的障碍，信息传递过程也就无须面对电子器件速率难以提高的困难。这种完全靠光波沿光纤传播的长距离传输，称为发端与收端间的点-点全光传输。其次，在完成上述用户间的全光传送网后，不少信号处理、储存、交换，以及多路复用/分接、进网/出网等功能都要由电子技术转变成光子技术来完成，整个通信网将由光来实现传输以外的许多重要功能，如完成端到端的光传输、交换和处理等，这就形成了全光通信发展的第二阶段，也将是更完整的全光通信。

全光通信网由全光内部部分和通用网络控制部分组成。内部全光网是透明的，能容纳多种业务格式，而且网络节点可以通过选择合适的波长来进行透明的发送或从别的节点处接收。通过对波长路由的光交叉设备进行适当配置，透明光传输可以扩展到更远的距离。外部控制部分可实现网络的重构，这使得波长和容量在整个网络内动态分配以满足通信量、业务和性能需求的变化，并提供一个生存性好、容错能力强的网络。

二、全光通信的关键器件

第一，光分插复用器（OADM）。目前采用的 OADM 只能在中间局站上、下固定光信号，使用起来比较呆板。未来的 OADM 对上、下光信号将是完全可控制的，就像目前的 ADM 上、下电路，通过网管系统就可以在中间局随意地选择上、下一个或几个波长信道

① 王兴亮，高利平. 现代通信系统新技术［M］. 2 版. 西安：西安电子科技大学出版社，2017：223.

的光信号，使用起来非常方便，组网十分灵活。

第二，光交叉连接设备（OXC）。与 OADM 相类似，未来的 OXC 将和现在的 DXC 一样，可以利用软件来对各路光信号波长随意地进行灵活的交叉连接。OXC 对全光网络的调度、业务的集中与疏导及对全光网络的保护与恢复等都会发挥重大的作用。

第三，可变波长激光器。目前的光纤通信用的半导体激光器只能发出固定波长的光波，还不能做到按需要随意改变半导体激光器的发射波长。将来为适应全光波长变换的要求，会出现可变波长激光器，即激光器的发射波长可按需要进行调谐发送，且具有光谱性能优越、高输出功率、更高的稳定性和可靠性等特点。

第四，全光再生器。目前的电再生器，都是需要经过 O/E/O 转换，通过对电信号的处理来实现再生。采用线路放大器，只能解决系统损耗受限难题，而对于色散受限，EDFA是无能为力的。未来的全光再生器，它不需要 O/E/O 转换就可以对光信号直接进行再生定时、再生整形和再生放大，而且与系统的工作波长、比特率、协议等无关。由于全光再生器具有光放大功能，因此解决了损耗受限难题；又因为它可以对光脉冲波形直接进行再生整形，所以也解决了色散受限难题。

三、全光通信的核心技术

实现透明的、具有高度生存性的全光通信网是宽带通信网未来发展的目标，而要实现这样的目标需要有先进的技术来支撑。下面主要探讨实现准确、有效、可靠的全光通信应采用的技术。

第一，光层开销处理技术。光层开销处理技术是用信道开销等额外比特数据从外面包裹 Och 客户信号的一种数字包封技术，它能在光层具有管理光信道（Och）的 OAM（操作、管理、维护）信息的能力和执行光信道性能监测的能力；该技术同时为光网络提供所有 SONET/SDH 网所具有的强大管理功能和高可靠性保证。

第二，光监控技术。在全光通信系统中，必须对光放大器等器件进行监视和管理，一般采用额外波长监视技术，即在系统中分插一个额外的信道来传送监控信息；而光监控技术采用 1510nm 波长，并且对此监控信道提供 ECC 的保护路由，当光缆出现故障时，可继续通过数据通信网（DCN）来传输监控信息。

第三，信息再生技术。信息在光纤通道中传输时，如果光纤损耗大、色散严重，那么最后的通信质量将会很差。虽然可以通过全光放大器来提高光信号功率，但是损耗导致光信号的幅度随传输距离按指数规律衰减；色散会导致光脉冲发生展宽、发生码间串扰，使系统的误码率增大，严重影响通信质量，因此，必须采取措施来对光信号进行再生。目前，对光信号的再生都是利用光电中继器，即光信号首先由光电二极管转变为电信号，经电路整形放大后再重新驱动一个光源，从而实现光信号的再生。这种光电中继器具有装置复杂、体积大、耗能多的缺点。最近，出现了全光信息再生技术，即在光纤链路上每隔几个放大器的距离接入一个光调制器和滤波器，从链路传输的光信号中提取同步时钟信号并输入到光调制器中，对光信号进行周期性同步调制，使光脉冲变窄、频谱展宽、频率漂移和系统噪声降低、光脉冲位置得到校准和重新定时。全光信息再生技术不仅能从根本上消除色散等不利因素的影响，而且克服了光电中继器的缺点，成为全光信息处理的基础技术之一。

第四，动态路由和波长分配技术。全光通信需要给定一个网络的物理拓扑和一套需要在网络上建立的端到端光信道，而为每一个带宽确定动态路由和分配波长以建立光信道，是由波长动态路由和波长分配技术（RWA）来完成的。目前较成熟的 RWA 技术有最短路径法、最小负荷法、交替固定选路法等。根据节点是否提供波长转换功能，光通路可以分为波长通道（WP）和虚波长通道（VWP），WP 可看作 VMP 的特例。当整个光路都采用同一波长时，就称其为波长通道；反之是虚波长通道。在波长通道网络中，由于给信号分配的波长通道是端到端的，且每个通路与一个固定的波长关联，因而在动态路由和分配波长时，一般必须先获得整个网络的状态，因此其控制系统通常必须采用集中控制方式，即在掌握了整个网络所有波长复用段的占用情况后，才可能为新呼叫选择一条合适的路由。这时，网络动态路由和波长分配所需的时间相对较长。而在虚波长通道网络中，波长是逐个链路进行分配的，因此可以进行分布式控制，这样可以降低光通路层选路的复杂性和选路所需的时间，但却增加了节点操作的复杂性。

第五，光时分多址（OTDMA）技术。该技术是在同一光载波波长上把时间分割成周期性的帧，每一个帧再分割成若干个时隙，然后根据一定的时隙分配原则，使每个光网络单元（ONU）在每帧内均只按指定的时隙发送信号，最后利用全光时分复用方法在光功率分配器中合成一路光时分脉冲信号，经全光放大器放大后送入光纤中传输；在交换局，利用全光时分分解复用。为了实现准确可靠的光时分多址通信和避免各 ONU 向上游发送的码流在光功率分配器合路时发生碰撞，光交换局必须测定它与各 ONU 的距离，并在下行信号中规定光网络单元的严格发送定时。

第六，光突发数据交换技术。该技术是针对目前光信号处理技术尚未足够成熟的情况而提出的。在这种技术中有两种光分组技术：包含路由信息的控制分组技术和承载业务的数据分组技术。控制分组技术中的控制信息要通过路由器的电子处理，而数据分组技术不需光电/电光转换和电子路由器的转发便可直接在端到端的透明传输信道中传输。

第七，光波分多址（WDMA）技术。该技术是将多个不同波长且互不重叠的光载波分配给不同的光网络单元（ONU），然后用来实现上行信号的传输，即各 ONU 根据所分配的光载波对发送的信息脉冲进行调制，从而产生多路不同波长的光脉冲，然后利用波分复用方法经过合波器形成一路光脉冲信号来共享传输光纤并送入到光交换局。在 WDMA 系统中，为了实现任何允许节点共享信道的多波长接入，必须建立一个防止或处理碰撞的协议。该协议包括固定分配协议、随机接入协议（包括预留机制、交换和碰撞预留技术）及仲裁规程、改装发送许可等。

第八，光转发技术。在全光通信系统中，对光信号的波长、色散、功率等都有特殊的要求。为了满足 ITU-T 标准规范，必须采用光到电再到光的光转发技术对输入的信号光进行规范，同时采用外调制技术来克服长途传输系统中色散的影响。光纤传输系统所用的光转发模块主要有直接调制的光转发模块和外调制的光转发模块两种。外调制的光转发模块包括电吸收（EA）调制和铌酸锂（$LiNbO_3$）晶体调制。在全光通信系统中，可以采用多种调制类型的光转发模块，色散容限有 1800/4000/7200/12800ps/nm 等诸多选择，以满足不同的传输距离需求，为用户提供从 1~640km 各种传输距离的最佳性能价格比解决方案，并且光转发单元发射部分的波长稳定度在 0~60℃范围内小于±3GHz。

第九，副载波多址（SCMA）技术。该技术的基本原理是将多路基带控制信号调制到不同频率的射频（超短波到微波频率）波上，然后将多路射频信号复用后调制成一个光载波。在 ONU 端进行二次解调，首先利用光探测器从光信号中得到多路射频信号，并从中选出该单元需要接收的控制信号，再用电子学的方法从射频波中恢复出基带控制信号。在控制信道上使用 SCMA 接入，不仅可降低网络成本，还可解决控制信道的竞争。

第十，空分光交换技术。该技术的基本原理是将光交换元件组成门阵列开关，并适当控制门阵列开关，即可在任意输入光纤和输出光纤之间构成通路。根据其交换元件的不同门阵列开关可分为机械型、光电转换型、复合波导型、全反射型和激光二极管门开关等，如耦合波导型交换元件铌酸锂。铌酸锂是一种电光材料，具有折射率随外界电场的变化而变化的光学特性。以铌酸锂为基片，在基片上进行钛扩散，以形成折射率逐渐增加的光波导，即光通路，再焊上电极后即可将它作为光交换元件使用。当将两条很接近的波导进行适当的复合后，通过这两条波导的光束可发生能量交换。能量交换的强弱随复合系数、平行波导的长度和两波导之间的相位差变化，只要所选取的参数适当，光束就在波导上完全交错。如果在电极上施加一定的电压，那么可改变折射率及相位差。由此可见，通过控制电极上的电压，可以得到平行和交叉两种交换状态。

第十一，光放大技术。为了克服光纤传输中的损耗，每传输一段距离，都要对信号进行电的“再生”。随着传输码率的提高，“再生”的难度也随之提高，这成了信号传输容量扩大的“瓶颈”。于是，一种新型的光放大技术就出现了，例如，掺铒光纤放大器的实用化实现了直接光放大，节省了大量的再生中继器，使得传输中的光纤损耗不再成为主要问题，同时使传输链路“透明化”，简化了系统，几倍或几十倍地扩大了传输容量，促进了真正意义上的密集波分复用技术的飞速发展，是光纤通信领域上的一次革命。

第十二，时分光交换技术。该技术的原理与现行的电子程控交换中的时分交换系统完全相同，因此它能与采用全光时分多路复用方法的光传输系统匹配。在这种技术下，可以时分复用各个光器件，这样能够减少硬件设备，构成大容量的光交换机。该技术组成的通信技术网由时分型交换模块和空分型交换模块构成。它所采用的空分交换模块与上述的空分光交换功能块完全相同，而在时分型光交换模块中则需要有光存储器（如光纤延迟存储器、双稳态激光二极管存储器）和光选通器（如定向复合型阵列开关）以进行相应的交换。

第十三，无源光网技术（PON）。无源光网技术多用于接入网部分。它以点对多点方式为光线路终端（OLT）和光网络单元（ONU）提供光传输媒质，而这又必须使用多址接入技术。目前使用的多址接入技术有时分多址接入（TDMA）、波分复用（WDM）、副载波多址接入（SCMA）三种方式。PON 中使用的无源光器件有光纤光缆、光纤接头、光连接器、光分路器、波分复用器和光衰减器。拓扑结构可采用总线状、星状、树状等多种结构。

四、全光通信网具体分析

（一）全光通信网的基本组成

随着信息社会的发展，人们对通信容量的需求急剧增长，这促使通信网的两大主要组成部分——传输和交换都在不断地发展和革新。在传输方面，实现了光纤化，特别是波分复用（WDM）技术的成熟极大地提高了传输系统的容量，这给通信网中的电交换带来了巨大的压力，因为要求处理的信息量越来越大、码速率越来越高，已接近电子速率的极限，限制了交换速率的提高。为了解决“电子瓶颈”限制问题，必须在交换系统中引入光子技术，从而引起全光通信的研究，提出了光传送网（OTN）的概念。

所谓全光通信网，就是网中所有单元以及到达用户节点的信号通道仍然保持着光的形式，即端到端的完全的光路，中间没有电转换的介入。数据从源节点到目的节点的传输过程都在光域内进行，而它在各网络节点的交换则使用高可靠、大容量和高度灵活的光交叉连接（OXC）设备。在全光网络中，由于没有光电转换的障碍，所以允许存在各种不同的协议和编码形式，信息传输具有透明性，且无须面对电子器件处理信息速率难以提高的困难。

OTN 是一种以波分复用（WDM）与光信道技术为核心的新型通信网络传输体系，它由光分插复用（OADM）、光交叉连接（OXC）、光放大（OA）等网元设备组成，具有超大传输容量、对承载信号透明性及在光层面上实现保护和路由选择（波长选路）功能。因此，这种光传送网又称为 WDM 全光通信网。在光网络中，信息流的传送处理过程主要在光域进行，由波长标识的信道资源成为光层联网的基本信息单元。

OTN 的出现不仅可以解决现行网络中因电子器件处理能力的限制而造成的“瓶颈”问题，而且提供了一种用于管理多波长、多光纤网络宽带资源的经济有效的技术手段。OTN 具有吞吐量大、透明度高、兼容性好和生存能力强等优点，将成为新一代国家、地区和城域主干传送网和宽带光接入网的主要升级技术，是国家信息高速公路畅通工程建设的关键，具有极其广阔的应用前景和市场潜力。

（二）全光通信网的阶段分析

全光通信网是通信网发展的目标，这一目标的实现分两个阶段完成。

1. 全光传送网阶段

在点到点的光纤传输系统中，整条线路中间不需要作任何光/电和电/光的转换，这种完全靠光波沿光纤传播的长距离传输，称为发端与收端间的点到点全光传输。那么整个光纤通信网的任意用户地点应该都可以设法与任意其他用户地点实现全光传输，这样就组成了全光传送网，如图 3-1 所示。

图 3-1　全光传送网

2. 完整的全光传送网阶段

图 3-2 为由骨干核心网、城域网和接入网组成完整的全光传送网络，它可完成用户间全程光传送，以完成用户间信息的全光传送，并在光波段层实现信号处理、存储、交换，以及多路复用/分接、进网/出网等功能，最终完成端到端的光传输、交换和处理，实现真正意义上的全光传送网络。

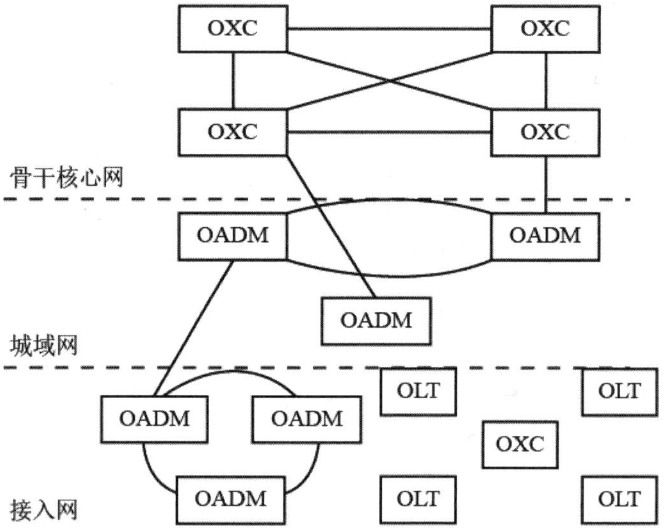

图 3-2　完整的全光传送网

WDM 技术把信号复用方式从电信号转移到了光信号，在光域上用波分复用的方式提高了光载波信号的传送速率和传送容量，它是未来全光网络发展的基础。而全光网络则是未来信息传送网的发展方向，它可以直接对高速率光信号进行处理、交换和传送，不仅简化了网络结构，降低成本，而且实现了超长距离、超大容量的无中继通信，极大地提高了网络的透明性、可扩性、稳定性与可靠性。

第四节　紫外光通信系统

按照通信使用的电磁频谱划分，目前的通信主要可分为无线电通信和光通信。无线电通信发展迅猛，是现在的主流通信方式，广泛应用于航天、工业现场、民用等领域，其特点是通信建立速度快，受地理、天气的影响较小。然而，其不足之处在于容易被捕获、窃听、跟踪，信息的相对保密性较差。

光通信已经成为一种主要通信方式，包括光纤通信和无线光通信。光纤通信以其优越的性能在通信领域中脱颖而出，在构建电信网络中起着举足轻重的作用。与其他的有线通信方式一样，光纤通信也需要铺设繁杂的线路。无线光通信目前以大气激光通信为主，其通信容量大，方向性好，保密度高，成本较低。然而，激光的方向性极好，不适合用于相对运动的两个终端通信。

为了克服现有通信方式的缺点，以紫外光作为媒介的通信系统被提出。这种新型的通信方式以其高保密度、高抗干扰能力及全天候的通信优点而备受关注，成为新型的光通信方式。

紫外光波（Ultraviolet，UV）是一种电磁波，它的波长分布在 10~400nm 上，紫外光通信采用波长为 200~280nm 的中紫外波段。宇宙空间的紫外射线在通过大气中对流层时，受到氧气和臭氧的强烈吸收，在透过大气层后，仅剩下近紫外波段的紫外线。系统工作在这一波段内，可以在全黑的背景上形成亮点，因其波长较短，在空气中易受到粒子的散射而改变其传播路径，可以做到非直视传播，探测器可以轻松将其捕获。同时，紫外光会随着距离的增加呈指数衰减，传播半径较小，所以只要控制发射机的光功率，在短距离通信中可以做到高度的保密，非常适合于舰船及直升机群通信。

一、紫外光通信的基本特点

紫外光不仅具有与其他光波相同的物理效应，由于它的波长更短，使得它有非常强的散射效应。这一效应决定了大气紫外光传输的以下特征。

第一，太阳光的紫外辐射在通过地球大气层时，会受到对流层上臭氧层对这一波段紫外光的强吸收作用，使得这一波段的紫外辐射在海平面附近几乎衰减为零，属于日盲区。

第二，UVC 段光波在空气中的衰减率不是很大。

第三，由于低空的分子密度高，UVC 波段紫外光波具有强的瑞利散射效应。直视紫外光通信是基于大气散射，采用日盲区中紫外波段（200~280nm）光波进行通信传输，主要应用于短距离的、保密的通信，是常规通信的一种重要补充。

二、紫外光通信的具体优点

第一，数据传输的保密性高。由于大气的强吸收作用，系统辐射的紫外光通信信号的强度会按指数规律衰减，这种强度衰减与距离密切相关。因此，为了满足通信距离的要求，我们可以调整系统的辐射功率，使其在通信范围之外的辐射功率降至最低，从而提高传输的保密性。

第二，系统抗干扰能力强。紫外光传输的优点之一是系统的辐射功率可根据通信距离要求而减至最小，因此，常规的无线电设备很难干扰远方站台的紫外光通信信号。

第三，可用于非直视通信。由于大气中存在大量的粒子，紫外辐射在传输过程中存在较大的散射现象，这种散射特性使紫外光通信系统能以非直视方式（Non-Line of Sight，NLOS）传输信号，从而能适应复杂的地形环境，克服了其他自由空间光通信系统必须工作在可视距方式（Line of Sight，LOS）的弱点。

第四，无须 ATP（Acquisition Tracking and Pointing）跟踪。采用紫外光通信既克服了有线通信需要铺设电缆的缺点，节省了收放电缆所需的时间，又克服了无线通信易被监听的弱点，还减少了通信设备和线路开设及拆除时间。

三、紫外光通信的工作原理

紫外光通信基于两个相互关联的物理现象：一是大气层中的臭氧对波长在 200nm 到 280nm 之间的紫外光有强烈的吸收作用，这个区域被叫作日盲区，到达地面的日盲区紫外光辐射在海平面附近几乎衰减至零；二是地球表面的日盲区紫外光被大气强烈散射。日盲区的存在，为工作在该波段的紫外光通信系统提供了一个良好的通信背景。紫外光在大气中的散射作用使紫外光的能量传输方向发生改变，这为紫外光通信奠定了通信基础，但吸收作用带来的衰减使紫外光的传输限定在一定的距离内。紫外光通信是基于大气散射和吸收的无线光通信技术，它的基本原理是以日盲区的光谱为载波，在发射端将信息电信号调制加载到该紫外光载波上，已调制的紫外光载波信号利用大气散射作用进行传播，在接收端通过对紫外光束的捕获和跟踪建立起光通信链路，经光电转换和解调处理提取出信息信号。

紫外光通信系统一般由发射系统和接收系统组成，其中发射系统将信源产生的原始电信号变换成适合在信道中传输的信号；接收系统从带有干扰的接收信号中恢复出相应的原始信号。图 3-3 为紫外光通信的基本结构。

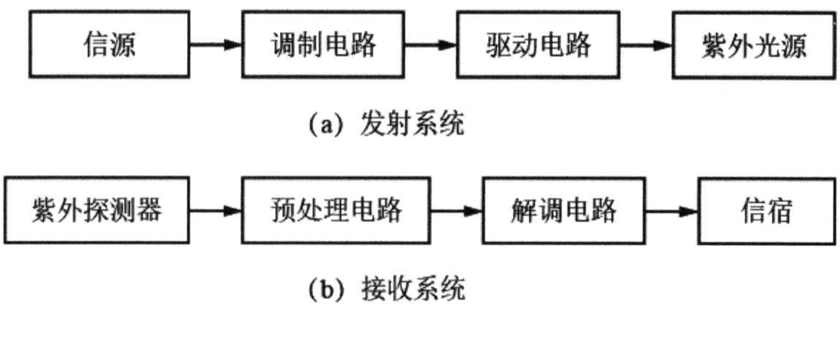

图 3-3　紫外光通信的基本结构

发射系统由信源、调制电路、驱动电路和紫外光源等模块组成，其工作过程如下：调制电路模块采用特定的调制方式将信源模块产生的电信号做调制变换，再通过发端驱动电路使紫外光源将调制信息随紫外载波发送出去。接收系统由紫外探测器、预处理电路、解调电路和信宿等模块组成，其工作过程和发射系统刚好相反：紫外探测器捕捉并收集紫外光信号，对其进行光电转换，接收端预处理电路对电信号进行放大、滤波等，解调电路模块将原始信息恢复出来送至信宿模块。

与传统的自由空间光通信一样，紫外光通信也可以以视距方式进行通信。其信号强度遵循“指数规律衰减，与距离的平方成反比”的规律。在传输过程中，大气分子和悬浮粒子会对紫外光产生散射作用。这种散射作用使得大气中的粒子所带的电荷产生振荡，进而产生一个或多个电偶极子，辐射出次级球面波。由于电荷的振荡与原始波同步，所以次级波与原始波具有相同的电磁振荡频率，并与原始波有固定的相位关系。次级球面波的波面分布和振动情况决定散射光的散射方向。因此，散射在大气中的紫外光信号与光源保持了相同的信息。

思考练习：

1. 简述光纤传输的原理。
2. 全光通信的核心技术是什么？
3. 紫外光通信系统有哪些特点？

第四章　卫星通信系统

学习目标：

1. 认识卫星通信系统。
2. 了解卫星通信系统的构成。
3. 学习卫星激光通信系统与卫星应急通信系统。

第一节　卫星通信系统的认知

卫星通信，指的是设置在地球上（包括地面、水面和低层大气中）的无线电通信站之间利用人造地球卫星作中继站转发或反射无线电波，在两个或多个地球站之间进行的通信。

卫星通信是在地面微波中继通信和空间电子技术的基础上发展起来的，它是宇宙无线通信的主要形式之一，也是微波通信发展的一种特殊形式。与其他通信方式相比，卫星通信具有覆盖面广、通信容量大、距离远、不受地理条件限制、性能稳定可靠等优点，卫星本身还具有独特的广播特性，组网灵活，易于实现多址连接，可以作为陆地移动通信的扩展、延伸、补充和备用，因此，对航空用户、航海用户、缺乏地面通信基础设施的偏远地区用户，以及对网络实时性要求较高的专门用户都具有很大的吸引力。此外，卫星还能够提供直接到家庭（Direct To Home，DTH）的 Internet 服务（如 Hughes 网络系统的 Direct PC），是解决“最后一英里”问题的最佳方案之一，也是向全球用户提供宽带综合 Internet 业务的最佳选择。由于卫星通信具有上述优点，因此它自诞生之日起便得以迅猛发展，成为当今通信领域中最为重要的一种通信方式。

一、卫星通信系统的类型划分

卫星通信系统有很多分类方法，可以按照卫星的运动状态（制式）、卫星的通信覆盖区范围、卫星的结构（或转发无线电信号的能力）、多址方式、基带信号的体制、用户性质、通信业务种类以及卫星通信所用频段的不同来划分。典型的分类方法如下。

第一，卫星通信系统按卫星运动状态（制式）可以分为同步卫星通信系统、运动卫星通信系统。其中运动卫星通信系统又可以分为随机运动、相位运动卫星通信系统。

第二，卫星通信系统按卫星通信覆盖区范围可以分为全球卫星通信系统、国际卫星通信系统、国内卫星通信系统、区域卫星通信系统。

第三，卫星通信系统按卫星的结构可以分为有源卫星通信系统（主动卫星通信系统）、无缘卫星通信系统（被动卫星通信系统）。

第四，卫星通信系统按多址方式可以分为频分多址卫星通信系统、时分多址卫星通信系统、码分多址卫星通信系统、空分多址卫星通信系统、混合多址卫星通信系统。

第五，卫星通信系统按基带信号体制可以分为模拟卫星通信系统、数字卫星通信系统。

第六，卫星通信系统按用户性质可以分为公用（商用）卫星通信系统、专用卫星通信系统、军用卫星通信系统。

第七，卫星通信系统按通信业务种类可以分为固定业务卫星通信系统，移动业务卫星通信系统，广播电视卫星通信系统，科学试验卫星通信系统，教学、气象、导航、军事等卫星通信系统。

第八，卫星通信系统按卫星通信所用频段可以分为特高频卫星通信系统、超高频卫星通信系统、极高频（毫米波）卫星通信系统、激光卫星通信系统。

上述各种分类方法从不同的角度反映出卫星通信系统的特点性质和用途，若将它们综合起来，便可较全面地描绘出某一具体的卫星通信系统的特征。

二、卫星通信系统的组成要素

目前的卫星通信系统因其传输的业务不同，它们的组成也不完全相同。一般的卫星通信系统主要由空间段和地面段两大部分组成。

（一）空间段

空间段主要以空中的通信卫星（即通信装置）为主体，还包括所有用于卫星控制和监测的地面设施，即卫星控制中心（Satellite Control Center，SCC）[①]，及其跟踪、遥测和指

① 卫星运行控制中心是指挥卫星工作的枢纽，同时也是卫星的地面指挥部。控制中心用数台计算机指挥和监视卫星的运行，负责向卫星发出各种指令，安排卫星工作程序，控制卫星运行姿态，指挥传感器工作及信息的传输，以及控制星载仪器与地面接收站的工作配合等。

令站（Telemetry，Tracking and Command，TT&C），以及能源装置等。通信卫星主要是对发来的信号起中继放大和转发作用，它是靠星上通信装置中的转发器（微波收、发信机）和天线来完成的。1 个卫星的通信装置可以包括一个或多个转发器，每个转发器能接收和转发多个地球站的信号。假定每个转发器所能提供的功率和带宽一定，那么转发器数目越多，卫星的通信容量就越大。

（二）地面段

地面段包括所有的地球站，这些地球站通常通过 1 个地面网络连接到终端用户设备，或者直接连接到终端用户设备。地球站的主要功能是将发射的信号传送到卫星，再从卫星接收信号。根据地球站的服务类型，大致可以将地球站分为用户站、关口站和服务站三类。不同类型的地球站，其天线尺寸不同，大的天线直径可达几十米，小的只有几十厘米。

三、卫星通信系统的工作过程

在一个卫星通信系统中，各地球站中各个已调载波的发射或接收通路经过卫星转发器转发，可以组成很多条单跳或双跳的双工或单工卫星通信线路，整个通信系统的通信任务就是分别利用这些线路来实现的。单跳单工的卫星通信系统进行通信时，地面用户发出的基带信号经过地面通信网络传送到地球站。在地球站，通信设备对基带信号进行处理，使其成为已调射频（RF）载波后发送到卫星。卫星作为空中的一个大中继站，接收此系统中所有地球站用上行频率发来的已调射频载波，然后再进行放大和变频，用下行频率发送到接收地球站，信号功率增益一般为 100~130dB。接收地球站对接收到的已调射频载波进行处理，解调出基带信号，再通过地面网络传送给用户。为了增大发送输出信号和接收输入信号之间的隔离度，避免两者相互干扰，上行频率和下行频率一般使用不同的频谱，且尽量保持足够大的间隔。

第二节　卫星通信系统构成

一、卫星通信系统构成——线路

卫星通信实际上是由两条传输方向相反的单向信道构成的双工通信线路组成的，卫星通信线路是包括无线电波到基带信号在内的整个线路，即由发送端地球站、上行线路（从地球站到卫星）、卫星转发器、下行线路（从卫星到地球站）和接收端地球站所组成的整个线路。

在卫星通信系统中，信息在从发送端地球站到接收端地球站的传输过程中还要经过上行线路、转发器和下行线路。上行线路信号的质量取决于始发送端地球站发出的信号功率大小和卫星收到的信号功率大小，下行线路信号的质量取决于卫星重发的信号功率大小和地球站接收到的信号功率的大小。卫星通信的一个显著特点就是电磁波传播的路径非常长，电磁波在传播过程中将受到极大的衰减，使得卫星接收到的上行信号和地球站接收到的下行信号都很微弱。衡量卫星通信线路传输质量的最主要的指标是卫星通信线路中接收系统输入端的载波功率与噪声功率的比值，简称载噪比（简记为 C/N 或 CNR）。

在进行卫星通信线路的设计或分析时，为了满足一定的通信容量和传输质量，需要对接收系统输入端的载噪比提出一定的要求，而载噪比又与发射端的发射功率与天线增益、传输过程中的各种损耗、传输过程中所引入的各种噪声与干扰，以及接收系统的天线增益、噪声性能等因素有关。此外，降雨对频率高于 10GHz 的信号可能产生严重的衰减，而且会降低频率复用系统中正交极化信号之间的隔离度。

（一）星-地线路传输损耗

卫星通信线路的传输损耗包括自由空间传播损耗、大气吸收损耗、馈线损耗、天线指向误差损耗和法拉第旋转等，其中主要是自由空间的传播损耗。这是因为在卫星通信中，电磁波主要是在大气层以外的自由空间（接近真空状态）传播的，大气层只占整个传输路径的很小一部分，因此，在研究传输损耗时，应首先研究自由空间的损耗，并在此基础上，把其他因素引起的损耗考虑进去。

第一，自由空间传播损耗。电磁波在自由空间的传播是无线电波最基本、最简单的传播方式，电磁波在传播过程中，能量将随传输距离的增加而扩散，由此引起的传播损耗称为自由空间传播损耗。

第二，大气吸收损耗。在卫星通信中，电磁波在传播过程受到的损耗除了自由空间传播损耗外，还有许多其他的因素会造成信号能量在传输过程中的损耗。例如，电磁波在大气中传输时，要受到电离层中自由电子和离子的吸收，受到对流层中氧分子、水蒸气分子和云、雾、雪等的吸收和散射，从而形成损耗，这种损耗与电磁波的频率、波束和仰角，以及气候的好坏有密切的关系。

第三，馈线损耗。接收天线和接收机之间的连接部分本身就存在着一定的损耗，这类损耗是由连接波导、滤波器和耦合器产生的，用馈线损耗来表示。馈线损耗也存在于连接发射机高功放（HPA）输出端和发射天线的滤波器、耦合器及波导中。如果给出的 EIRP 中已考虑了这种损耗，则以后就不再重复考虑。

第四，天线指向误差损耗。建立卫星通信线路以后，理想情况下，地球站天线和卫星天线都指向对端的最大增益方向。天线指向误差损耗很小，一般在零点几至一点几分贝之间，而没有跟踪装置的大天线指向损耗则可能很大。除了天线指向损耗外，天线极化方向的指向误差也会产生损耗，但极化误差损耗数值通常很小，常用统计数据来估计。当然，天线的指向误差损耗应该对上行线路和下行线路分别考虑。

第五，法拉第旋转。线极化波通过电离层时极化面会发生旋转，旋转的角度与频率的平方成反比。旋转还与电离层的离子密度有关，因此它还与时间、季节和太阳激活情况有关。由 GEO 卫星到中纬度地区，载波频率为 1GHz、4GHz、6GHz 和 12GHz 时，法拉第旋转角度相应地为 108°、9°、4°和 1°。另外，使用移动手机时天线方向是不稳定的，因此极化面会随时变化。相反，如使用圆极化波，不管天线方向如何改变，总能将信号电平保持为常数。因此，工作在 L 频段和 C 频段的卫星个人通信网络（S-PCN），经常采用圆极化天线；而用于固定和便携式终端的 K 频段、Ka 频段系统，则经常采用线极化天线。

第六，电离层闪烁。电磁波在通过电离层时，由于受到电离层结构的不均匀性和随机的时变性的影响而发生散射，使得电磁能量在时空中重新分布，造成电磁波信号的幅度、相位、到达角、极化状态等发生短期不规则的变化，形成“电离层闪烁”现象。电离层闪烁效应与工作频率、地理位置、地磁活动情况，以及当地季节、时间等有关，且与地磁纬度和当地时间关系最大。

第七，降雨衰减。降雨衰减指的是电磁波在雨中传播时由于雨滴吸收和散射信号的能量而产生的衰减，简称为雨衰，它随频率的增高而增大。当卫星信号的频率达到 10GHz 以上时，降雨衰减成为其主要的衰减方式。当电磁波的波长远大于雨滴的直径时，衰减主要由雨滴的吸收引起，当电磁波的波长变小或雨滴的直径增大时，散射衰减的作用就增大。雨衰的大小与雨量和电磁波传播时穿过雨区的有效距离有关。对于特定的雨区（雨量和电磁波穿透的实际距离都确定的情况下），电磁波在雨区内传播路径上不同地点所受到的降雨衰减的影响是不同的（即雨区间不同地点的降雨衰减系数是不同的），为了便于计算，工程上用特定仰角时总的雨衰值来表示。

第八，多径衰落。传输移动业务的卫星通信系统主要工作在 UHF 频段的 250~400MHz 和 800~900MHz，以及 L 频段的 1.5~1.6GHz。移动站的天线波数较宽，除了接收来自卫星的直射波以外，还会接收到从地面或海面经不同途径反射来的、幅度与相位各不相同的反射波。另外，由于建筑物、树林等会发生遮蔽效应，使得运动中的地球站产生多普勒效应，因此地球站接收信号的电平会发生很大的随机起伏，从而产生多径衰落。通常采用多径衰落深度，即接收到的直射与各种非直射的合成信号的瞬时功率相对于平均功率的分贝数，来衡量多径衰落的程度，而且还要标明超过此值或不超过此值的概率是多少。

（二）线路的噪声与干扰

卫星通信线路中，地球站接收到的信号极其微弱，而且接收天线在接收卫星转发来的信号的同时，还会接收到大量的噪声。

地球站接收系统接收到的噪声有些是由天线从其周围辐射源的辐射中所接收到的，如宇宙噪声、大气噪声、降雨噪声、太阳噪声、天电噪声、地面噪声等，若天线盖有罩子则还有天线罩的介质损耗引起的噪声，这些噪声与天线本身的热噪声合在一起统称天线噪声；有些噪声则是伴随信号一起从卫星发出的，包括发射地球站、上行线路、卫星接收系统的热噪声，以及多载波工作时卫星及发射地球站的非线性器件产生的互调噪声等；有些是干扰噪声（如人为噪声、工业噪声）。不过噪声频谱在 120MHz 以下，因而对工作于微波波段的卫星通信而言，其影响可忽略不计。

天线与接收机之间的馈线通常是波导或同轴电缆，由于它们是有耗的，因此会附加上一些热噪声；而接收机中，线性或准线性部件放大器、变频器等会产生热噪声、散弹噪声；线路的电阻损耗会引起热噪声。以上这些都是接收系统内部噪声。至于解调器，是一种非线性变换部件，虽然它本身也会产生噪声，但由于对整个接收系统的噪声贡献不大，故系统分析时一般认为其是理想的（或把其噪声归算到接收机中去，而认为其是理想的）。

第一，天线噪声。天线噪声通过馈线进入接收机，当馈线损耗足够小时，由于接收机采用了低噪声放大器，所以天线噪声就限制了接收系统噪声的进一步降低。

第二，交调噪声。当多个载波通过非线性器件时就会产生交调现象。在卫星通信系统中，卫星转发器几乎都采用行波管功率放大器作为其发射部件，它的输入/输出特性是非线性的，并且在多个载波工作时，若多个载波的总输入功率等于某单载波的输入功率，其输出总功率会小于单载波的输出功率，它的相位特性也是非线性的。当输入多个载波信号时，这种非线性就会使它们相互调制产生新的频率成分，落入信号频带内形成干扰，称为交调噪声；落入信号频带外的则有可能对相邻频道形成干扰。在卫星通信系统中，特别是采用频分多址体制时，交调噪声是个极为突出问题，在进行线路计算时必须充分考虑。地球站的发射功率通常较大，大型发射机一般包括一级行波管放大器与一级速调管放大器，它们也会产生交调噪声。地球站接收系统的非线性器件也会产生交调噪声，但它们一般工作在线性或接近线性状态，故交调噪声不大。

二、卫星通信系统构成——地球站

卫星通信地球站是卫星通信系统的重要组成部分之一，通常工作在微波频段（300MHz~300GHz），因此，地球站实际上是微波无线电收、发信站，用户通过地球站接入卫星线路进行通信。地球站的功能是以最佳的性能价格比和可靠的方式，从卫星接收信息或向卫星发送信息，同时保持要求的信号质量。根据不同的业务要求，地球站既可以同时具有发送和接收能力，也可以只有发送或接收能力。

（一）地球站站址的选择和布局

在设计一个卫星通信系统时，必须对地球站的站址进行合理地选择和布局，因为它们对地球站的工作条件、管理和维护起着决定性影响，特别是对固定式或可搬运式的大、中型地球站而言，影响更为严重。

1. 地球站站址的选择

一般而言，选择地球站的站址必须考虑下列因素的影响。

（1）地理因素。影响地球站站址选择的地理因素主要有以下几个方面。

第一，地质条件。地球站地基的牢固程度取决于地球站场地土质结构的好坏。对于大型地球站而言，巨大的天线系统和天线塔加在一起质量可达数百吨以上，如果地基承受力不足，后果将不堪设想。故通常情况下要先经过地质钻探试验来考察地质结构是否符合要求。另外，地球站的站址也不要选在滑坡、下沉和地质变动频繁的地区，同时还要了解待选区的地震史，以便采取相应的措施。

第二，地球站位置。地球站必须处在有利的位置上，以保证计划中或工作中卫星的全部可视性。理想的地形应该是一个盆形区域，四周被小山所包围，水平障碍的仰角在3°以下。地球站场地要宽阔，地球站的面积要考虑到近期需要和将来的发展。对于具有多副天线工作的地球站，应避免各天线之间的相互射频干扰，并要注意各天线之间与允许的最小间隔。如果需要，可以考虑在天线之间插入埂脊，以增大屏蔽效果。一般情况下，典型的地球站占地面积约为10~20ha。另外，地形的选择要避开洪水，场地要避开障碍物，如树林、杆和塔等建筑物。

第三，天际线仰角。天际线指的是由地球站向四周远望所看到的地球表面与天空的交界线。地球站的等效辐射中心点和天际线上任意点连线同底平面的夹角就称为地球站在该方向上的天际线仰角。为了避免与地面微波系统的相互干扰，地球站最好建在离地面微波线路较远的地方，或者把地球站设在地形屏蔽效应大的地方。世界各国的地球站多设在盆地区域，利用周围山峰对电波的屏蔽效应来减小相互间的干扰，这是减小干扰的一种有效方法。

为了避免相互干扰，地球站天际线仰角选择得越高越好，这是因为天际线仰角越高，越有利于对电波的屏蔽效应。但是，随着天际线仰角的增加，地球站的外界噪声增大，从而降低了地球站的 G/T 值。因此，只要能避免与陆地微波之间的相互干扰，地球站天际线仰角就不宜选得过高，一般情况下，天际线的仰角选在3°以下。

第四，交通和供应。地球站站址应选择在交通便利、水源和电源充分处，同时还要确保地球站与通信交换中心的距离要近，以减少地面传输设备的投资。一般情况下，大型地球站距离大城市不宜太远。

（2）电磁干扰。电磁干扰包括以下几个方面。

第一，与陆地微波通信系统之间的相互干扰。目前大多数卫星通信系统均与微波通信系统使用相同的频段，为了避免两者之间的相互干扰，必须要进行技术协调。如果在新建的地球站或地球站附近有新的微波线路通过，那么就必须慎重考虑地球站站址的选择问题，以便将地球站和微波线路之间的相互干扰抑制到足够小。

第二，雷达干扰效应。雷达的干扰效应是由于雷达的谐波输出落入了地球站接收机的频带内所引起的。对于不同的调制制度而言，雷达波对卫星通信的影响也是不一样的。

第三，地球站附近飞机活动的影响。当飞机飞越地球站天线主波束时，由于飞机会阻挡一部分电磁波，使电磁能量发生散射，因此会在一定程度上对通信产生影响，而当飞机的飞行高度超过1500m时，其影响可以忽略不计。同时，还应注意不要使天线波束与下滑航道相交。在机场方向或其他预计飞机低飞的方向上，也应尽量避免建设地球站。

第四，其他电子干扰。地球站站址的选择应避开高压线和火花干扰强的工业电子设备和其他易产生干扰的设备。

（3）气象与环境条件。恶劣的天气将使卫星信道的传输损耗和噪声增大，从而降低了线路的性能，严重情况下，将使卫星通信不能正常进行。各地球站大都担负着一定的干线远程通信业务，对其工作可靠性的要求是很高的。因此，在进行地球站的选址时，要详细考察当地大风的历史，以便采取合理的抗风措施。当前有一些小型地球站直接架设在用户点，在干扰允许的条件下，为了节省资金，地球站通常被设置在楼顶，这时就要考虑风负载对楼顶的压力。

另外，在降雨时，地球站接收系统噪声温度将增加，从而增加了线路的噪声。同时，由降雨引起的吸收损耗会减小来自卫星的载波接收功率。通常规定对门限电平取4～6dB的降雨富余量。在气象条件好的情况下，能够满足规定的要求。但对于气象条件极差的地球站而言，为了满足 CCIR 规定的噪声标准，要求地球站的 G/T 值要高于一般的标准值，而 G/T 值的提高将对地球站的建设费用有很大的影响，因此，在选择地球站的站址时，必须充分考虑这一条件。在环境方面，主要考虑的是沙尘、腐蚀性气体和盐雾等对地球站的影响。

（4）安全条件。安全因素首要考虑的是过量电磁辐射对人体的影响。微波辐射密度对人体影响的安全界限，国际上还没有统一的标准。一般认为微波辐射密度 W 大于 10mW/m^2 为危险区，取小于 1mW/m^2 为安全区，W 在这两个值之间时为非安全区域，W 在该区工作的时间是有限制的。另一个安全因素是地球站要远离易燃易爆、易于发生各种灾害的场所，更不能将易燃易爆品放入地球站。

2. **地球站站址的布局**

地球站的布局与地球站站址的选择是同样重要的，地球站布局合理不仅有利于地球站的管理和维护，而且对于卫星通信系统本身也是一个帮助。一般而言，决定地球站布局的因素主要有以下几个方面。

（1）地球站的规模。地球站的规模是决定地球站布局的首要因素。如果地球站只需同 1 颗地球同步卫星通信，仅需要 1 副天线和 1 套通信设备；如果地球站需同 2 颗或 2 颗以上地球同步卫星进行通信，就需要 2 副天线或多副天线，以及 2 套或多套通信设备。对近地轨道运动卫星的地球站，则需以站房为中心，在距离几百米的位置上设置多个天线，以避免天线之间在跟踪任意轨道的卫星时可能发生的相互干扰。

（2）地球站的设备制式。地球站的通信设备分别安装在天线塔和主机房内，它的布局方式由地球站的设备制式来决定。地球站的设备制式按信号传输形式可以分为基带传输制、中频传输制、微波传输制、直接耦合制、混合传输制。目前的地球站主要包括这 5 种形式的传输体制，各种形式的地球站布局要求如下。

第一，基带传输制布局。需要在天线水平旋转部位设置较大的机房，需要接纳发射和接收系统的大部分设备，并采用基带传输方法来与主机房的基带和基带以下的设备进行连接。

第二，中频传输制布局。将调制、解调设备，机器中频以下设备安装在主机房内，并通过同轴电缆与天线塔上机房的中频以上的设备相连接。

第三，微波传输制布局。将接收系统的低噪声放大器和发射系统的功率放大器装在天线塔上的机房里，并采用微波传输方法与设置在主机房的其余设备连接。

第四，直接耦合制布局。将天线放在楼顶上，低噪声放大器放在天线初级辐射器底部承受仰角旋转的位置上，下面是功率放大器，再下面是其他设备。

第五，混合传输制布局。只把低噪声放大器放在天线辐射器底部承受仰角旋转位置上，而其余设备全部放在主机房内。目前，这种布局方法使用得比较多。

(3) 管理和维护要求。地球站的布局除了要适应其通信系统的要求，保证满足地球站的标准特性要求之外，还要便于维护和管理，有利于规划和发展，尽量使地球站的布局适合工作和生活的需要。地球站的工作区要适当集中，在主机房附近要留出适当的空地，在工作大楼不遮挡天线视野的前提下，要尽量靠近机房。地球站的生活区与工作区要隔离开，或留有一定的间距，以便保证工作区的安静和管理。

(二) 地球站的系统构成

1. 天线系统

地球站天线系统由天线、馈源和跟踪伺服设备三部分组成，它是地球站重要组成部分，是地球站射频信号的输入和输出通道，也是决定地球站通信质量和通信容量的主要设备之一。在卫星通信系统中，天线系统的主要功能是实现能量的转换，将发射机送来的射频信号变成定向（对准卫星）辐射的电磁波，同时收集卫星发来的电磁波，送到接收设备，从而实现卫星通信。

(1) 对天线系统的基本性能要求。一般情况下，地球站的天线系统都是收、发共用1副天线。天线的建造费用很高，大概占整个地球站的1/3，因此，对天线系统提出了以下几个方面的性能要求。

第一，高的定向增益。天线增益是决定地球站性能的关键参数，天线一定要具有高的定向增益，也就是必须将信号的能量聚焦成为一个窄波束，以接收来自卫星天线或发向卫星天线去的信号，提供足够的上行和下行载波功率。此外，天线辐射方向图的旁瓣电平必须很低，以减小来自其他方向信号源的干扰，而且还要使进入其他卫星和地面系统的干扰达到最小。

第二，低的噪声温度。天线的噪声温度一定要低，以使地球站等效噪声温度尽量低，减小下行载波带宽内的噪声功率。为了达到低噪声，必须控制天线辐射方向性图，使它只接收卫星信号，使来自其他信号源的能量最小。此外，天线的电阻损耗和低噪声放大器接到天线馈源的波导损耗也应该尽可能小，因为它们都会影响天线系统的噪声温度。

第三，频带宽。由于卫星地球站都是进行多址连接的，因此要求天线有较大的带宽。通常要求标准地球站具有500MHz以上的带宽，在该带宽内，应满足高增益、低噪声和匹配良好等要求。

第四，旋转性好。地球站天线的仰角和方向角，按一般规定以静止卫星方向为中心，天线可旋转范围应大于10%但考虑到天线的测量，特别是在暴风天气情况下，为了保护天线，应将其锁定于天顶位置。所以，天线一般采用全向可控天线。

第五，高的机械精度。机械精度用公差等级衡量，等级值越小，其精度越高。

（2）天线类型。大多数地球站天线采用的是反射面型天线，电波经过 1 次或多次反射向空间辐射出去。

第一，喇叭天线。喇叭天线是一种将波导口径平滑过渡到更大口径的天线，这样可以更有效地向空间辐射功率。喇叭天线可直接用在卫星上作为辐射体，在大范围内覆盖照射地面。另外，喇叭天线也被广泛用作反射面类型的接收和发送天线的主馈源。发射时，喇叭天线把馈线传输过来的约束电磁波转换成空间的自由电磁波，然后由反射面辐射到通信卫星；接收时，则把空间的自由电磁波转换成约束电磁波，由馈线传输到接收机。最常用的喇叭天线有三种类型：方口喇叭、光壁圆锥喇叭和波纹喇叭。不同形式的喇叭天线的功能是相同的，不同的只是它们的性能有所差别。

第二，抛物面天线。抛物面天线是一种单反射面型天线，利用轴对称的旋转抛物面作为天线的主反射面，将馈源置于抛物面的焦点上，信号从馈源向抛物面辐射，再经抛物面反射发向空间。卫星通信系统中的抛物面天线广泛采用抛物形反射面来增加天线的增益。抛物面天线的优点是结构比较简单，但天线噪声温度较高，由于馈源和低噪声放大器等器件都在天线主反射面前方，因此馈线较长，而且不便于安装。

第三，卡塞格伦（Cassegrain）天线。卡塞格伦天线由 3 部分组成，即主反射器、副反射器和辐射源。其中主反射器为旋转抛物面，副反射面为旋转双曲面。在结构上，双曲面的一个焦点与抛物面的焦点重合，双曲面焦轴与抛物面的焦轴重合，而辐射源位于双曲面的另一焦点上。

第四，格里高利（Gregorian）天线。格里高利天线也是一种双反射面天线，其基本结构是由 1 个喇叭天线（馈源喇叭）、1 个主抛物面和 1 个椭球副反射面组成，与双曲面一样，副反射面的椭球面也有 2 个焦点，1 个放在与主反射面焦点重合的位置上，另 1 个放在馈源喇叭的相位中心。格里高利天线的许多特性都与卡塞格伦天线类似，不同之处在于格里高利天线的旋转抛物面的焦点是一个实焦点，所有波束都集中在这一点。

第五，偏置型天线。无论是抛物面天线，还是卡塞格伦天线，或者是格里高利天线，总有一部分电波能量被阻挡，造成天线增益下降，旁瓣增益高。为了避免这种情况的发生，天线偏置技术就显得很重要。所谓偏置，就是将馈源或副反射面移出天线主反射面的辐射区，这样就不会阻塞主波束，从而提高了效率，改善了副瓣电平的性能。偏置型天线广泛应用于天线尺寸较小的地球站，如 VSAT 站等。由于这类天线结构的几何形状比轴对称的要复杂得多，因此在地球站使用大天线时是很难实现的。

第六，环焦天线。对卫星通信天线的总要求是在宽频带内有较低的旁瓣、较高的口面效率及较高的 G/T 值，当天线的口面较小时，采用环焦天线能较好地同时满足这些要求。环焦天线特别适用于 VSAT 地球站，因而得到了广泛的应用。环焦天线主要由主反射面、副反射面和馈源喇叭 SAN 部分组成。主反射面由部分抛物面组成，副反射面是由一段椭圆弧围绕与椭圆相交的直线旋转而得到的旋转曲面，并且椭圆面凹对主反射面。

（3）馈源系统。在收、发天线共用的系统中，馈源（即馈线）的作用是将发射机送来的射频信号传送到天线上去，同时将天线接收到的信号送到接收机。收、发信号的分离可以利用极化方式的不同来完成，例如，地球站用左旋圆极化波发射，以右旋圆极化波接收。地球站为了将发射机送来的直线极化波变换为按一定方向旋转的圆极化波，必须采用圆极化变换器。对接收波而言，极化变换器的作用是将按一定方向旋转的圆极化波变换成直线极化波，并将其送到接收机中。除了利用极化方式不同来实现收、发信号的分离外，还可以利用收、发频率的不同来完成收、发信号的分离，这时要利用滤波器来实现。至于连接发射机或接收机的馈线，通常采用矩形波导、椭圆波导或聚焦波束波导等。为了高效率地传输能量，馈源系统的损耗必须很小。

目前用于地球站的主馈源系统所要完成的功能与地球站的类型有关，主要的功能有：①分离发送和接收信号的频带；②在双极化系统中分离和合成信号极化；③照射整个主反射面；④为某些类型的卫星跟踪系统提供误差信号。地球站普遍使用的馈源有两种：喇叭馈源和正交极化馈源。

第一，喇叭馈源。喇叭馈源通常采用一个小喇叭天线作为微波频率的主馈源，馈源喇叭置于馈源系统的最前端，其作用是向副反射面辐射能量和从天线收集电磁波。馈源喇叭的形式有圆锥喇叭、喇叭形辐射器和波纹喇叭等。大多数地球站均采用波纹喇叭作馈源喇叭。

第二，正交极化馈源。在正交极化馈源系统中，如果采用单脉冲自动跟踪系统，用一个高次模耦合器（即模提取器）为它提供误差信号；正交模接头组件用来分离发送和接收信号；正交模变换器将两个正交线极化信号分离到接收端的两个隔离端上，而在发送端则将两种线极化信号组合成正交线极化信号。由于正交模变换器运行在线极化信号上，极化器的功能就是将圆极化信号变换为线极化信号，或者是将线极化信号变换为圆极化信号。线极化系统不使用极化器。某些地球站通过采用反馈控制系统，能够补偿因大气作用导致的极性变化，天线的极化性质主要受到主辐射器和极化器性能的影响。

（4）跟踪伺服系统。

第一，跟踪控制系统。天线对卫星的跟踪有手动跟踪、程序跟踪和自动跟踪三种方式。手动跟踪是根据收到信号的大小用手操纵跟踪系统；程序跟踪是根据预测的卫星轨道信息和天线波束的指向信息通过计算机程序控制来驱动跟踪系统；自动跟踪是地球站根据收到的卫星所发射的信标信号或转发的导频信号来驱动跟踪系统使天线自动地对准卫星。由于影响卫星位置的因素太多，无法长期预测卫星轨道，因此大多数地球站都采用手动跟踪和自动跟踪两种方式。

第二，跟踪接收机。跟踪接收机的任务是把天线接收到的微波信号（信标信号、误差信号等）进行放大，并将其幅度变换为直流信号，直流信号的强弱对应于微波信号的大小。因为跟踪接收机处理的输入信号不包含通信信息，而是单频信号，所以跟踪接收机往往具有频带窄的特点。

第三，天线伺服系统。天线伺服系统根据跟踪系统给出的误差控制信号来驱动天线，使得天线波束对准卫星。伺服系统必须具备以下功能：转动天线、反馈天线新位置信息，以及将交流信号转变成直流信号和将直流信号转换成交流信号等。另外，系统中还必须有电压放大和功率放大元件。

2. 发射系统

（1）对地球站发射系统的要求。对地球站发射系统的要求主要有以下几个方面。

第一，工作频带宽。为了适应多址通信的特点和卫星转发器的技术性能，卫星通信中要求高功率发射系统具有很宽的频带。

第二，输出功率大。在标准地球站中，发射系统的发射功率一般在几百瓦到十几千瓦量级，这主要取决于转发器的 G/T 值和它所需要的输入功率密度，同时也与地球站的发射信道容量和天线增益有关。

第三，增益稳定性高。为了保证通信质量，IS-IV 卫星通信系统规定，除恶劣气候条件外，卫星方向的 EIRP 值应保持在额定的±0.5dB 范围内，这个容差考虑了所有可能引起变化的因素，如发射机射频功率电平的不稳定、天线发射增益的不稳定（由于天线抖动、风效应等）和天线波束指向误差等。对高功率发射系统的放大器增益的稳定度要求就更高了，为此，大多数地球站发射系统都装有自动功率控制电路。

第四，放大器线性好。为了减小在 FDMA 方式中放大多载波时的交调干扰，高功率放大器的线性要好。通常规定，多载波交调分量的 EIRP 在任一 4kHz 的频带内不超过 26dBW。

（2）高功率放大器（HPA）。卫星通信要求地球站能产生大功率的微波信号向卫星发射，所需要的射频功率大小不仅取决于卫星转发器的性能指数，还取决于地球站的通信容量和天线增益，地球站发射机的最大输出功率应根据卫星系统的要求来确定。

地球站中最广泛使用的高功率放大器是速调管放大器（Klystron Power Amplifier，KPA）和行波管放大器（Traveling Wave Tube Amplifier，TWTA），在通信容量小的中、小型地球站和微型地球站（如 VSAT 站等）中，高功率放大器也可以采用固态功率放大器（Solid State Power Amplifier，SSPA）。

KPA、TWTA 和 SSPA 等三种高功率放大器各有其优缺点。KPA 最大的优点是输出功率大（数千瓦至数十千瓦）、效率高（约 30%）、性能稳定可靠、成本低、电源简单；缺点是带宽较窄，一般在 50～100MHz 之间，这类放大器被广泛用于电视广播系统的上行地球站和一些带宽较窄的 FDMA 地球站。TWTA 具有较宽的带宽，可以覆盖 6GHz 发送频段的整个 500MHz 频带，不需要进行外部调谐。TWTA 结构紧凑、增益高、使用方便，最大输出功率一般在 50～800W 之间；其缺点是效率低（约为 10%～15%）、成本比较高、电源复杂。SSPA 用的功放管主要是砷化镓场效应管（Gallium Arsenide Field Effect Transistor，GaAs FET），其优点是性能稳定可靠、瞬时带宽宽、体积小、寿命长、电源简单经济等。通常，SSPA 以增益为 6～10dB、最大输出功率为 3～10W 的单元电路为基本模块，更高的增益和功率输出将由多个基本模块组合而成。

相对而言，TWTA 在卫星地球站中使用得比较多。TWTA 工作时是利用电子束和电磁波的相互作用，使输入信号得到放大。输入的电磁波信号从左边进入螺旋线，从右边输出。TWTA 左边的热阴极发射的电子束，经屏栅加以聚焦后，由阳极上的正电压予以加速，并向右侧行进。

另一种用于地球站的高功放是 KPA，它也是一种电真空器件。与 TWTA 相比，KPA 可以获得更高的增益和较好的效率，输出功率也较大，最大可达几千瓦，但带宽小得多，约为载波频率的 1%～2%，在不同转发器使用时需要调谐。小功率使用时，还可以采用碰撞雪崩渡越时间二极管放大器或 FET 功率放大器，它们是固态放大器，供电比较简单，故一般有寿命长、效率高、可靠性高的优点，但输出功率较小，只有几十瓦量级。

（3）上变频器（UC）。

第一，上变频方式。上变频器将来自调制器的已调中频载波与本振载频混频，把中频变换到卫星上行射频频率上。上变频可以用一次变频来实现，也可以用二次、三次变频来实现。对于信号带宽较窄（如 36MHz 带宽）的情况，中频可选为 70MHz；对于信号带宽较宽（如 72MHz 带宽）的情况，中频通常选为 140MHz。一次变频方式就是将 70MHz 或 140MHz 中频信号经过一级混频变换到射频频率上。二次变频方式是由第 1 级混频将中频信号变换到一个固定的高中频频率上，称为第二中频，为避免镜像信号和杂散信号干扰，第二中频的频率通常选在 700～1120MHz 范围内，第二中频信号经中频滤波器再与第二本振进行第二级混频，变换到微波射频频率上，如果第二本振采用频率合成器，则通过改变第二本振的频率就可以在整个射频频带内改变信号载波的射频输出频率。三次变频方式与二次变频方式类似，采用了三级混频方式。

第二，转发器跳跃、极化跳跃和上变频器的备份方式。利用 TDMA 转接的现代数字地球站，在 1 个 TDMA 帧周期内常常按发送业务指令或发送脉冲列时间计划，需要发送多个脉冲列到几个指定的转发器中去。在 1 个帧周期内，地球站将它的载波从一个转发器跳跃到另一个转发器的能力称为转发器跳跃。另外，如果采用双极化，地球站或许还要将载波从一个极化的某个转发器跳跃到另一种极化的某个转发器上，这称为极化跳跃。转发器跳跃和极化跳跃必须在脉冲列之间的部分保护时间内实现，大约在 100～200ns 范围内。另外，为保证通信的可靠性，上变频器也必须采用某种备份方式。

（4）本机振荡器（泵源）。为了保证卫星通信信号频率的稳定性和减小噪声干扰，通常要求本机振荡器具有很高的频率稳定度和很低的噪声电平，并且能够迅速地调整到所需的频率。上变频器所用的振荡器，其输出频率达数千兆赫以上，而且要求频率稳定度很高，因此，要想利用速调管振荡器或晶振倍频振荡器作为泵源是很困难的。

目前，很多系统都采用晶振锁相倍频方案。采用晶振锁相倍频方案时，为了提高振荡源的稳定性和可靠性，应尽量减少倍频次数，因倍频器放在压控振荡器之后的，倍频次数愈低，输出功率愈大，而且有利于降低本振的噪声电平。当然，要减少压控振荡器后的倍频次数，就必须提高压控振荡器的工作频率。但一般振荡器的频率稳定度都很低，只有 10^{-3}～10^{-5}，而卫星通信系统要求的频率稳定度至少应有 10^{-8}～10^{-9}数量级，这就必须通过上述锁相环路迫使压控振荡器相位锁定在高稳定参考源上。目前高稳定度的晶振频率一般在 1～100MHz 范围之间，因此，在利用锁相环路时，还需要在适当的位置加入混频器、倍频器或分频器等。

3. 接收系统

地球站低噪声接收系统的作用是从噪声中接收来自卫星的信号。由于卫星转发器的发射功率一般只有几瓦至几十瓦，并且卫星天线的增益也小，因此，卫星转发器的 EIRP 较小。卫星转发器转发下来的信号，经下行线路约 40000km 的远距离传输后，要衰减 200dB 左右，信号到达地球站时变得极其微弱，一般只有 10^{-17}～10^{-18}W 的数量级。通常地球站接收系统的灵敏度必须很高，噪声必须很低，才能正常接收。

（1）对地球站接收系统的要求。对地球站接收系统的要求主要有以下几个方面：第一，工作频带宽。卫星通信的显著特点是能实现多址连接和大容量通信，因此，要求地球站接收系统的工作频带要宽，一般要求低噪声放大器必须具有 500MHz 以上的带宽。第二，噪声温度低。为了保证地球站满足所要求的 *G/T* 值，必须采用低噪声放大器，接收机的噪声温度应控制在 20K 以下。第三，其他要求。为了满足卫星通信系统的通信质量，还要求低噪声放大器增益稳定、相位稳定、带内频率特性平坦、交调干扰要小等。

（2）低噪声放大器（LNA）。地球站中最常用的两种低噪声放大器是参量放大器和 GaAs FET 放大器。卫星通信从一开始就采用参量放大器，原因是它的噪声温度可做得很低。

（3）下变频器（DC）。第一，下变频方式。下变频器接收来自低噪声放大器的已调射频载波，将信号从卫星下行频率变换到中频。与上变频器类似，下变频器也可以采用一次、二次或三次变频。第二，下变频器的转发器跳跃、极化跳跃和备份方式。TDMA 运行时，要求地球站能够在 1 帧中从不同转发器接收不同极化的不重叠的业务脉冲列。当转发器数目小于 3 个时，用中频开关进行转发器跳跃和极化跳跃的多个下变频电路具有较好的性能价格比；而当转发器数目较多时，本振跳跃下变频器更具有吸引力。

4. 其他系统

卫星通信地球站除了天线系统、发射系统和接收系统以外，还包括终端系统、通信控制系统、电源系统和地球站回波抵消设备。

（1）终端系统。终端系统是地球站与地面传输信道的接口，在公用网中，地球终端系统的任务是要对地面线路到达地球站的各种基带信号进行变换，编排成适合通过卫星信道传输的基带信号送给发射系统；同时还要把接收系统解调输出的基带信号变换成适合地面线路传输的基带信号。

（2）通信控制系统。通信控制系统由监控设备和测试设备组成。地球站除了天线以外，其他所有的地球站高频设备（HPA、LNA、UC、DC 和频率合成器等）都具有一定的备份方式，以保证卫星通信的可靠性。在工作的设备出现故障时，备份设备自动地被切换到工作状态。监控装置的主要作用是检测设备的故障情况，判断故障的模式和自动切换到备份系统。在由多个地球站和一个网络控制中心（NCC）组成的卫星通信网络中，监控是非常重要的。它所包含的层次有：射频设备的监控、基带终端设备的监控、网络控制中心通过卫星链路（或备份的地面通信线路）对所有地球站的遥测和遥控等。

射频设备的监控主要包括下列三个组成部分：①HAP、LAN、UC 和 DC 等的备份切换逻辑电路；②数据搜索单元（DAU）；③天线控制单元（ACU）。

故障告警、状态指示，以及可能的数值都由数据搜索单元收集，把它们送到监控计算机中。监控计算机主要处理地球站的监控问题，需要时，监控计算机也有线路与网络控制中心对接。监控计算机按预定速率扫描数据搜索单元，然后将这些数据输入到数据基片上，并检查故障告警、状态指示和优先等级等情况，并且将适当的信息送到本站的监控屏幕或打印机上，或者传送到 NCC 去。数据搜索单元同时也接收监控中心的控制信息，并且将它送到相应子系统的逻辑电路上，以进行备份切换。

天线控制单元通过标准的数据接口或总线接口，与监控计算机对接。当天线控制单元接收到数据扫描要求后，向计算机发出状态指示、告警和控制信息。天线使用程序跟踪时，天线控制单元必须能够接收监控计算机送来的跟踪数据表，以便进行跟踪。跟踪信息来自网络控制中心的数据库，它在不断地更新。

每个分系统的备份切换电路是分系统的一部分，一旦被监控的分系统发生故障，分系统的逻辑电路能自动进行切换。

（3）电源系统。地球站内所有设备所需的电能都是由电源系统供应的，因此，电源系统的性能优劣将会对卫星通信的质量以及设备的可靠性产生很大的影响。

第一，电源中断对通信的影响。根据地球站的供电情况，通常可以将地球站的电源中断分为两种情况：①以分钟计的 1min 以上的电源中断；②以秒或毫秒计的 1min 以内的瞬时电源中断。一般而言，较长时间的电源中断会给通信带来相应的中断传输，特别是超过一定时间限度的电源中断所引起的通信中断时间将远大于电源中断时间，这是因为虽然地球站的某些关键部分在一定条件下能随着电源中断而立即停止工作，但却不能随着电源的恢复供电而立即开始工作。另外，还有一点需要注意，对于不同的通信业务，电源中断对通信质量的影响也是不同的。

第二，对地球站电源供电的要求。对地球站电源的要求一般不应低于地面通信枢纽的供电要求。地球站电源除了应具有一两路外线或市电供电外，通常还应配备两种电源设备，即应急电源和交流不间断电源。地球站供电线路一般要求采用专线供电，因为当连接公用或市电供电线路的时间比较长时，供电电压容易产生波动和不稳定，同时还会引入许多杂散干扰，因此，必须采取有效的措施进行稳压和滤除杂散干扰。一种比较好的方法是将地球站的负载分为干扰较大和干扰较小的两种供电方式，并采用相应的单独电源变压器和各自的配电系统进行供电，同时还应注意三相电源各相负载的均匀性，以使零线电流尽量保持最小或平衡。另外，为了确保电源设备的安全，减少噪声、交流声的来源，所有的电源设备都应良好地接地。

第三，应急电源设备。应急电源设备是当主用电源发生重大故障，或者由于地球站增加设备而现用电源电力不足时，可用来供电的一种备用电源。应急电源设备一般由两台全自动控制并联运行的柴油发电机组、高压配电盘、自动并联控制盘、启动用蓄电池，以及其他辅助设备（如自动电压调节器和线路保护继电器等）构成。

第四，交流不间断电源设备。交流不间断电源设备是一种能向地球站不间断、高稳定地提供额定频率、额定电压的电源设备。

（4）地球站回波抵消设备。在卫星电话传输中，用户电话机是以二线制通过市话局等连接到地球站的，收、发用的是一对线。而地球站之间的接收和发送是分上行和下行两条路径来进行的，称为四线制。四线制收、发是分开的，可以同时工作，因此可做双工通信。在二线制和四线制相连时，它们的交界处必须加一个混合线圈。

第三节　卫星导航定位系统

“卫星导航定位系统是以人造卫星作为导航台的星基无线电定位系统，该系统的基本作用是向各类用户和运动平台实时提供准确、连续的位置、速度和时间信息”①。目前卫星导航定位技术已基本取代了无线电导航、天文测量和传统大地测量技术，成为人类活动中普遍采用的导航定位技术。拥有这样的技术和能力，就会在外交和经济上占据主动地位，获得巨大的利益，因此，世界大国和商业集团都在积极发展卫星导航系统。

由于全球卫星导航定位系统具有全能性（陆地、海洋、航空和航天）、全球性、全天候、连续性和实时性提供导航、定位和定时等特点，因此，在信息、交通、安全防卫、农业、渔业、防灾救灾、环境监测等建设方面具有其他手段无法替代的重要作用，发展和应用前景十分广阔。下面本书重点介绍GPS卫星导航定位系统，其也是现在常用的卫星导航定位系统。

GPS是英文Global Positioning System的简称，又称全球卫星定位系统，是一个中距离圆形轨道卫星导航系统，它可以为地球表面绝大部分地区（98%）提供准确的定位、测速和高精度的时间标准。该系统由美国国防部研制和维护，可满足位于全球任何地方或近地空间的军事用户连续精确的确定三维位置、三维运动和时间的需要。该系统包括太空中的24颗GPS卫星；地面上1个主控站、3个数据注入站和5个监测站及作为用户端的GPS接收机。最少只需其中3颗卫星，就能迅速确定用户端在地球上所处的位置及海拔高度；所能连接到的卫星数越多，解码出来的位置就越精确。

一、GPS的基本组成

GPS主要由三大部分构成，即空间部分（GPS卫星星座）、控制部分（地面监控系

① 王丽娜，王兵. 卫星通信系统［M］. 2版. 北京：国防工业出版社，2014：234.

统）和用户设备部分（GPS 信号接收机）。

（一）空间部分

GPS 的空间段由 GPS 卫星组成，它们作为“天文”参考点，向空间发射精确的、经过译码的时间导航信号。空间部分由运行在 20200km 高空的分布在 6 个轨道面上的 24 颗卫星组成，它使地球上任何地方的用户能在任何时候都能看到至少 4 颗卫星。因此，GPS 是一个全天候、实时性的导航定位系统。

GPS 卫星为三轴稳定结构，它的主要导航有效载荷包括：精确定时的自动频率标准、存储导航数据的处理器、产生测距信号的伪随机噪声（PRN）产生器以及 1.2GHz/1.6GHz 频段的发射天线（其天线方向图在 1.2GHz/1.6GHz 两个频段上向地球上或地球表面附近的用户辐射近似均匀的功率信号）。每颗卫星以相同的两种频率发送导航信号，这种双频率发送可校正信号穿过电离层产生的传播时延。

（二）控制部分

控制部分具有跟踪、计算、更新及监视功能，可以根据每天的要求控制系统中所有的卫星，它由设在美国科罗拉多州斯普林斯（Springs）的主控制站（MCS）和 5 个相距很远的监测站［分别位于阿松森岛（Ascension Island）、迪戈加西亚岛（Diego Garcia）、夸贾林岛（Kwajalien）、斯普林斯和夏威夷］组成。监测站无源跟踪视野内的所有卫星，计算它们的距离和多普勒数据。这些数据经过主控制站的处理，计算出卫星的天文历、时钟漂移和传播时延，然后产生上行链路报文。这些更新的信息被传送到卫星存储器，再作为导航报文的一部分由卫星传给用户，每天至少传 3 次。

（三）用户设备部分

GPS 用户设备部分是所有用户装置及其支持设备的集合。典型的用户设备包括 1 部天线、1 台 GPS 接收机/处理器、1 台计算机和 1 个 CDU（控制和显示单元）等 4 个主要部件。这些设备捕获并跟踪视野内的 4 颗卫星或更多颗卫星的导航信号，测出 RF 转接次数和多普勒频移，并把它们转换成伪距和伪距变化率，得到用户的三维位置、速度和系统时间。用户设备可以是相对简单、轻便的手持式或背负式接收机，也可以是与其他导航传感器或系统集成在一起的、在高度动态的环境下仍具有足够精确性能的、复杂的接收机。

二、GPS 的主要特点

GPS 是目前应用最为成功的卫星定位系统之一，被誉为人类定位技术的一个里程碑。

归纳起来，系统具有以下特点。

第一，全球、全天候连续不断的导航定位能力。GPS 能为全球任何地点或近地空间的各类用户提供连续的、全天候的导航定位能力，用户不用发射信号，因而能满足多用户使用。

第二，实时导航、定位精度高，观测时间短。利用 GPS 定位时，在 1/s 内可以取得几次位置数据，这种近乎实时的导航能力对于高动态用户具有很大的意义，同时能为用户提供连续的三维位置、三维速度和精确的时间信息。目前，利用 C/A 码的实时定位精度可达 20~50m，速度精度为 0.1m/s，利用特殊处理可达 0.005m/s，相对定位精度可达毫米级。

随着 GPS 系统的不断完善和软件的不断更新，目前 20km 以内相对静态定位仅需 15~20min，快速静态相对定位测量时，当每个流动站与基准站相距在 15km 以内时，流动站观测时间只需 1~2min，然后可随时定位，每站观测只需几秒。

第三，测站间无须通视。GPS 测量只要求测站上空开阔，不要求测站之间互相通视，因此可节省大量的造标费用（一般造标费用占总经费的 30%~50%）。由于无须点间通视，点位位置可根据需要可疏可密，这样就使得选点工作变得非常灵活，也可省去经典测量中的传算点、过渡点的测量工作。

第四，可提供全球统一的三维地心坐标。GPS 测量可同时精确测定测站平面位置和大地高程。目前 GPS 水准可满足四等水准测量的精度，另外，GPS 定位是在全球统一的 WGS-84 坐标系统中计算的，因此全球不同地点的测量成果是相互关联的。

第五，仪器操作简便。随着 GPS 接收机的不断改进，CPS 测量的自动化程度越来越高。在观测中测量员只需安置仪器，连接电缆线，量取天线高，监视仪器的工作状态，而其他观测工作，如卫星的捕获，跟踪观测和记录等均由仪器自动完成。结束测量时，仅需关闭电源，收好接收机，便完成了野外数据采集任务。如果在一个测站上需做长时间的连续观测，还可以通过数据通信方式将所采集的数据传送到数据处理中心，实现全自动化的数据采集与处理。另外，接收机的体积也越来越小，相应地，重量也越来越轻，极大地减轻了测量工作者的劳动强度，使野外工作变得更为轻松。

第六，抗干扰能力强、保密性好。GPS 采用扩频技术和伪码技术，用户只需接收 GPS 信号，自身不会发射信号，因而不会受到外界其他信号源的干扰。

第七，功能多、应用广泛。GPS 是军、民两用系统，其应用范围十分广泛。具体的应用实例包括：汽车导航和交通管理、巡线车辆管理、道路工程、个人定位以及导航仪等。

第四节　卫星激光通信系统

传统的卫星通信是利用微波进行通信的，但是，随着激光技术和激光器件水平的飞速发展，加之激光通信系统具有信息容量大、传输速度快、信息隐蔽性好、体积小、重量轻、功耗低和相对性价比高等特点，其在卫星上的应用备受重视，并得到了快速发展。卫星激光通信是一种利用激光光束作为信息载体进行的卫星间或卫星与地面间的通信方式。经过多年探索，卫星激光通信已取得了突破性进展，逐渐成为开发太空、利用广阔的宇宙空间资源提供大容量、高数据率、低功耗通信的最佳方案，对于国防和商业应用都具有极大的价值。

卫星激光通信的原理是信息电信号通过调制加载在光波上，通信双方通过初定位和调整以及光束的捕获、瞄准和跟踪（Acquisition，Pointing and Tracking，APT）建立起光通信链路，然后在真空或大气信道中传输信息。根据卫星激光通信的特点和总体要求，典型的卫星激光通信系统主要包括激光光源子系统、光发射/接收子系统、APT 子系统和其他一些辅助系统。

卫星激光通信系统的工作过程可概括如下：①发射过程。系统采用信号光和信标光分离的方式，使用不同的激光器。信号光和信标光经准直系统对激光进行光束准直后，具有了合适的发散角，2 束光由合束器合成为 1 束光，然后经分光片、精对准机构和天线发射出去。②接收过程。接收到的光经过光学天线和分束片后：信标光一部分到达粗对准探测器，由粗对准控制器控制和驱动电路控制粗对准机构，完成捕获和粗对准；另一部分经精对准机构、分光片、分束片到达精跟踪探测器，由精对准控制器控制精对准机构，从而完成双方的精确对准和跟踪。

一、卫星激光通信系统中的激光光源子系统

在卫星激光通信系统中，通信光源至关重要，它直接影响探测器件的选择、光学天线的口径和增益、通信距离等参量。作为激光光源的激光器是激光通信机的核心部件之一，由于受到光传输介质和探测器的影响，对激光波长的研究主要集中在 800nm、1000nm 和 1550nm 三个频段，用于卫星上的激光器研究主要集中在与上述三种波长相对应的半导体激光器、固体激光器和光纤激光器。

（一）半导体激光器

半导体激光器是以半导体材料作为激光工作介质的激光器，其优点是具有超小的外形体积、极高的转换效率（50%以上）、结构简单等。在已进行的星间、星地试验中几乎都采用半导体激光器。但与其他激光器相比，半导体激光器存在以下缺点：发光功率较低，在 mW 量级；波长稳定性差，需要稳频；线宽较宽（约 1nm），需要整形；调制速度低。其中，发光功率较低是半导体激光器的最大缺点，针对发光功率受限，常采用一种称为主控振荡功率放大（MOPA）的半导体器件。根据资料中公布的 MOPA 参数可以看出，半导体激光器功率小的问题已初步解决，只要 MOPA 的功率能满足空间环境的要求，半导体激光器就会被更广泛地应用于星间和星-地激光链接。

（二）固体激光器

固体激光器因其体积大、转换效率低，起初并未被星上应用看好，但随着探测灵敏度对调制方式的选择，固体激光器因具有波长稳定性好、发射功率可以做得很大的优点而受到重视。特别是 Nd：YAG 固体激光器，它的输出功率高（已超过 1000W）、光束质量好、寿命长，比较适合空间应用。

Nd：YAG 固体激光器优异的性能使其可以采用各种调制方式，虽然 1064nm 的波长落在 APD 的高增益区外，但基于 PSK 调制、直接采用光零差解调的检测方式可以使探测器灵敏度大幅度提高，基本等于量子极限 9 光子/比特。Nd：YAG 固体激光器已通过各种空间环境试验，在保证性能的前提下可以满足空间飞行条件。

长期以来，Nd：YAG 固体激光器的电-光转换效率是它的一个突出缺点，但这一情况已经部分得到改善，通过采用性能较好的半导体激光二极管作为泵浦光源可以提高 Nd：YAG固体激光器的电-光转换效率，使其达到较高的程度。

（三）光纤激光器

地面光纤通信技术已经是一项非常成熟的技术，1550nm 和 1310nm 波长主要应用于地面光纤通信中。不管是体积、转换效率、光束质量、发射功率、谱线宽度、波长稳定性还是调制速率，都可以通过对陆地上已有器件进行比较简单的技术加工而使其满足星上应用。接收端的低噪前置光纤放大器也可以满足接收端对灵敏度的要求。

光纤激光器用于卫星的最大问题是空间光到光纤的耦合问题，包括耦合效率和耦合头的污染问题。如果此问题得到解决，并且光纤激光器和前置放大器能满足空间环境要求，那么就可以采用 1550nm 的光纤进行星间和星-地激光通信。

二、卫星激光通信系统中的光发射/接收子系统

光发射/接收子系统主要涉及光发射和接收天线的选择、滤波元件及信号探测与处理器的选取、调制解调等问题。

第一，光发射/接收天线。卫星激光通信系统的光发射/接收天线实际上就是光学望远镜，它的作用有以下几个方面：①对发射光束进一步扩束准直，扩大发射系统的光斑尺寸，压缩光斑的接收角；②接收另一终端发过来的光信号，将其聚焦并耦合到光电探测器上。根据具体的情况，天线的形式可采用卡塞格伦型反射式天线或透射式天线。一般而言，在常用的卫星激光通信频段范围内：对于较大孔径的天线，可采用反射式天线，这有助于降低天线的制造难度，提高天线的可靠性、减轻质量；而对于较小孔径的天线，则选用透射式天线。由于天线的孔径直接影响着天线的增益，孔径越大，增益越大，因此，从提高天线增益的角度而言，卫星激光通信系统的天线孔径应当选取得大一些。但是，天线孔径增大，天线的体积、质量也会增加，从而会增加 APT 系统的难度，故星上天线孔径也不宜过大，一般卫星激光通信系统的星上天线孔径在 30cm 左右。

第二，光探测器。光探测器是光接收子系统的重要组成部分，包括粗对准探测器、精对准探测器和超前对准探测器、通信探测器。光探测器的主要功能是：①天线粗对准功能。探测对方发来的信标光，确定信标光的位置，给出位置误差信号用于驱动 APT 单元，校正接收天线的方向，完成两端天线的粗对准。②天线精对准和跟踪功能。在天线已粗对准的前提下，探测对方发来的信号光，并利用信号光在四象限探测器上的坐标确定信号光的位置，给出位置误差信号并提供给 APT 单元，完成两端天线的精对准和跟踪。③通信功能。探测对方发出的信号光，接收通信信号，完成通信功能。

第三，光滤波器。光滤波器是用来进行波长选择的器件，它可以从众多的波长中挑选出所需的波长，而除此波长以外的光将会被拒绝通过。卫星激光通信系统中光滤波器的作用是抑制背景光，将系统接收到的背景噪声进行有效压缩，提高接收系统的信噪比。一般可采用带通滤波器来抑制背景光的影响。

三、卫星激光通信系统中的 APT 子系统

卫星激光通信中的通信距离十分遥远（可达几千至几万千米），因此激光通信系统在进行任何形式的空间信息传输之前，首先必须保证使发射端的光场功率能够到达接收端的探测器上，这就意味着除了需要克服传输通道上的各种影响外，还必须使发射的光场准确

地对准接收机。同样，接收机探测器也必须按照被发送光场的到达角度进行调节。对于收发合一的双工系统，以上过程要在两端同时进行，并最终使通信链路处于稳定的动态平衡状态。上述过程称为 APT，它是实现空间远距离激光通信的核心技术。通常，APT 子系统由捕获（粗跟踪）系统和跟踪、瞄准（精跟踪）系统两部分组成。

（一）捕获（粗跟踪）系统

捕获（粗跟踪）系统是在较大视场范围内捕获目标，捕获范围较大，可达±1°~±20°或更大。通常采用阵列 CCD 来实现，并与带通光滤波器、信号实时处理的伺服执行机构完成粗跟踪（即目标的捕获）。粗跟踪的视场角为几毫弧度，灵敏度约 10pW，跟踪精度为几十毫弧度。

（二）跟踪、瞄准（精跟踪）系统

跟踪、瞄准（精跟踪）系统的功能是在完成目标的扫描捕获以后，对目标进行瞄准和实时跟踪。通常采用四象限红外探测器 QD 或 Q-APD 高灵敏度位置传感器来实现，并配以相应的电子学伺服控制系统。精跟踪要求视场角为几百微弧度，跟踪精度为几微弧度，跟踪灵敏度为几纳瓦。由于 APT 子系统的性能和跟踪精度直接关系到卫星激光通信系统的成败，因此，在设计 APT 子系统时必须解决好以下技术问题。

第一，精跟踪回路系统的设计。精跟踪回路是一个宽带的、高精度的伺服系统，为此，应对回路内部的 FSM、误差信号探测器（APD 或面阵 CCD）和补偿器等关键器件有一定的技术要求。

第二，精跟踪回路 FSM 两轴快速倾斜镜。FSM 两轴快速倾斜镜是精跟踪回路的一个关键器件，它是一个宽带平台扰动的校正器，应该具有足够高的结构谐振频率和良好的阻尼特性。

第三，精跟踪回路的探测器。精跟踪回路的探测器也是精跟踪回路的一个关键器件，采用面阵 CCD 作为跟踪误差探测器具有良好的发展前景。但是，为了能够检测和补偿宽的扰动功率谱，作为跟踪探测器的面阵 CCD 必须具有很高的帧频，希望能达到 10kHz 量级，这样就能够提供所希望的扰动抑制能力。

第五节　卫星应急通信系统

近年来，世界范围内自然灾害和突发事件频发，使得应急通信得到更为广泛的关注。

面对突如其来的自然灾害或突发事件，最为迫切的要求是恢复最低标准的通信，用于指挥和协调应急救援分队，并允许受灾人员与外部进行信息沟通。通常，自然灾害事件发生后，基于固定基础设施的通信系统和网络以及供电系统可能会遭受严重的破坏，甚至是完全无法使用。在这种情况下，要建立通信保障，必须考虑其应急需求的特殊性，即时间的突发性、地点的不确定性和容量的不可预期性等；同时，还必须保证应急通信系统在复杂条件下的生存能力和便于灵活地组织应用。由于应急通信系统的建设和管理是个复杂的系统工程，很难一蹴而就，因此需要一个长期发展和不断完善的过程。

卫星通信具有对外部环境依赖性小、覆盖面广、可移动性好、部署快、操作简易等优点，在应急通信保障中具有明显的优势，是应急通信的重要通信手段，在应急通信中具有至关重要的作用。国内外各种应急事件事后统计分析表明，卫星通信在应急通信中具有不可替代的作用，涵盖了通信、指挥调度、数据和视频采集、信息发布、过程监督等各个环节，在特殊情况下，卫星通信有可能成为应急通信的唯一技术手段，在消除通信孤岛方面起到了重要的作用。

一、卫星应急通信系统的建设原则

应急通信是指在出现自然或人为的突发性紧急情况，如台风、海啸、暴雨、洪水、地震、火灾、流行性疾病暴发等，在原有通信系统正常通信设施可能出现瘫痪或破坏的情况下，为应对紧急情况、保障紧急救援和必要的通信而临时提供的一种暂时的、快速响应的特殊通信方式。卫星应急通信则是利用卫星实现应急通信的一种通信方式。

一个完备的卫星应急通信系统应具有话音通信、数据通信、图像通信、图像采编及显示、电视会议、网络监控和管理、GPS 和地理信息显示等功能，配置多种通信手段，可满足多种场合、不同状态的应用需求。对卫星应急通信系统的要求为：机动灵活、快速反应、稳定可靠、通信手段多样、独立成网。

根据这些要求，卫星应急通信系统的建设应遵循“政府主导、多位一体；总体设计、分步实施；应急通信为主、平战结合；灵活配置、多种通信手段融合；独立成网、互联互通”的建设原则。在具体实施时，卫星通信系统应向体制多样化、传输宽带化、管理简易化的方向发展，而卫星终端站则向体积小型化、质量轻型化、业务综合化、接入手段多元化、操作使用智能化的方向发展。

二、卫星应急通信系统的动中通技术

通常所说的动中通卫星通信，通常是指地面平台在运动状态下的卫星通信。卫星通信本身具有容量大、性能稳定、无须地面公共基础设施的特点，因此，动中通卫星通信能在车、舰船、直升机等平台高速运行的状态下提供高质量的话音、视频和数据通信，尤其是其在运动状态下的远程高质量视频传输能力，使之成为应急通信领域最受欢迎的系统之一。

（一）常用的动中通卫星天线

目前有三种常用的动中通卫星天线：抛物反射面动中通卫星天线、阵列/赋形反射面/缝隙反射面动中通卫星天线和相控阵动中通卫星天线。

1. 抛物反射面动中通卫星天线

抛物反射面类型的动中通天线属于高轮廓天线，它采用传统的偏馈或正馈反射天线，外形呈球形状，尺寸较大，天线增益较高；旁瓣特性较好，可跟踪制导系统控制天线的方位和俯仰指向。

高轮廓抛物反射面动中通卫星天线的主要特征为：①机械式姿态调整；②体积大，重量大；③轮廓高；④增益高；⑤带宽高；⑥安装复杂；⑦机械传动，可靠性受到影响；⑧适合船舶或较大型车辆等大型移动载体。

2. 阵列/赋形反射面/缝隙反射面动中通卫星天线

随着天线技术的不断发展，出现了中、低轮廓的阵列/赋形反射面/缝隙反射面动中通卫星天线。新反射面技术减少了卫星天线的口径及轮廓高度，同时通过复杂的高精度机械伺服机构解决了天线在运动中搜星、锁星的问题。

阵列/赋形反射面/缝隙反射面动中通卫星天线的主要特征为：①机械式姿态调整；②体积适中，重量适中；③轮廓较低；④安装相对简便；⑤适应高速运动环境；⑥搜星、锁星时间短；⑦机械传动，可靠性受到影响；⑧天线口径效率略微下降；⑨适合车辆、船舶等载体。

3. 相控阵动中通卫星天线

动中通天线采用相控阵技术，称为相控阵卫星天线，这种天线采用全相控阵电路阵列，姿态调整采用点调式，无须机械部分参与，因此可靠性较高。相控阵卫星天线外形呈圆盘状，其高度较低，外形大小和一支普通签字笔相近，适合单兵携带。由于天线全部由相关电子元器件组成，因此可大规模生产。

相控阵动中通卫星天线的主要特征为：①电调式姿态调整；②体积小，重量轻；③轮廓低，小于 10cm；④无机械传动部分，可靠性高；⑤安装简单；⑥可批量生产；⑦增益随俯仰角变化而变化；⑧适合车辆、飞机、船舶等载体；⑨便携，可单兵背负。

（二）动中通卫星天线的选择

面对市场上各种类型的动中通卫星天线，各类用户根据业务需求、使用环境、承载载体、预算和地理位置等方面综合考虑进行相关选择。

第一，业务需求。各类动中通卫星天线，通信带宽从 100b/s～4Mb/s 不等，用户应根据自己实际的主要业务需求出发，选择合适的动中通天线。例如，各种海上船只为解决船员在海上收看电视的问题，就可以选择相应的小型单收动中通天线，而无需选择价格昂贵的双向动中通天线。再如，救灾抢险可根据不同的任务阶段选择不同的动中通卫星天线。第一阶段：迅速前往灾区。该阶段主要情况为：通往灾区的道路被毁，电力供应无法保障，先锋救援部队主要通过步行或者空降进入灾区。该阶段的业务需求是建立前后方稳定的话音通信，通信只需要能建立即可，因此此时可以选择便携、功耗低的小型双向动中通天线。第二阶段：展开救援。该阶段主要情况为：大批救援部队开始进入灾区，救援工作开始展开。部分灾区道路被打通，中小型救援车辆可以进入灾区。该阶段的业务需求是除话音通信外，需要大量的多媒体和数据传输。由于车辆可以进入灾区，此时可以选择低轮廓的宽带双向动中通卫星天线。

第二，使用环境。动中通卫星天线的主要使用环境为露天野外环境，因此绝大多数动中通卫星天线都具备防水等功能。但是，针对海上使用的用户而言，天线除防水功能外，还需要具备防盐雾、防霉菌等更加严格的环境适应性。同时，针对偏僻地区（如边远山区、边防线等）以及极端紧张环境，可根据供电情况选择不同的动中通天线。电力供应相对稳定的情况可选用体积较大的动中通天线；电力供应不稳定的情况（如风能、太阳能、手摇发电等）就可选用小型的动中通天线。

第三，承载载体。动中通卫星天线的主要载体为小型飞机、浮空平台（如飞艇、热气球）、火车、汽车和船舶。不同的载体受自身限制，对天线的轮廓、体积、重量、功耗和跟踪速度都有着不同的要求。例如：飞机、火车等运动速度较快的载体需要选择低轮廓的动中通天线；汽车和浮空平台需要选择重量较轻、功耗较小的动中通天线；而船舶，就需要选择抗颠簸性能强的高轮廓动中通天线。

第四，预算。卫星通信系统的建设成本是巨大的，因此在综合考虑上述因素的同时，需要根据自身的预算来选择动中通天线。当预算充足时，可选择带宽高、性能优越的动中通天线，并配以视频传输、高速数据交互等多种应用。但是预算较少时，可选择带宽较低的动中通天线，以保证基本的话音通信和普通数据交互等应用。

思考练习：

1. 简述卫星通信系统的类型。
2. GPS 有哪些特点?
3. 卫星应急通信系统的建设原则有哪些?

第五章　移动通信系统

学习目标：

1. 了解移动通信系统的理论知识。
2. 掌握移动通信传输的工作方法。
3. 厘清常见的抗干扰技术的要点。

第一节　移动通信系统的认知

目前，人们大量应用移动通信手段传输信息。所谓移动通信，顾名思义就是通信的一方或双方是在移动中实现通信的，其中，包含移动台（汽车、火车、飞机、船舰等移动体上）与固定台之间通信，移动台（手机）与移动台（手机）之间通信；移动台通过基站与有线用户通信等。

一、移动通信特点与运用范围

（一）移动通信的特点分析

移动通信（与固定点通信相比）的主要特点如下。

第一，移动通信的传输信道必须使用无线电波传输。

第二，电波传输特性复杂，在移动通信系统中由于移动台不断运动，不仅有多普勒效应，而且信号的传播受地形、地物的影响也将随时发生变化。

第三，干扰多而复杂。

第四，组网方式多样灵活，移动通信系统组网方式可分为小容量大区制和大容量小区制，移动通信网为满足使用，必须具有很强的控制功能，如通信（呼叫）的建立和拆除，频道的控制和分配，用户的登记和定位以及过境切换和漫游的控制等；对设备要求更苛刻；用户量大而频率有限。

（二）移动通信的运用范围

第一，汽车调度通信。出租汽车公司或大型车队建有汽车调度台，汽车上有汽车电台，可以随时在调度员与司机之间保持通信联系。

第二，公众移动电话。公众移动电话是与公用市话网相连的公众移动电话网。在大中城市，通常采用蜂窝小区制；而在小城市或业务量适中的城市，则常采用大区制。用户分为车台和手机两类。

第三，无绳电话。无绳电话是一种通过接入市话网进行无线通信的电话机，也称为无绳电话。其通信范围通常在50~200m之间，可以接收或拨通电话。

第四，集群无线移动电话。这种通信方式实际上是将多个原本各自使用独立频率的单工工作调度系统集合到一个基台进行工作。这样，原本一个系统单独使用的频率现在可以供多个系统共享，因此称为集群系统。

第五，卫星移动通信。这种通信方式将卫星作为中心转发台，各移动台通过卫星转发进行通信。

第六，个人移动通信。个人可以在任何时间、任何地点与其他人进行通信，只需拥有一个个人号码。无论该人在何处，都可以通过这个个人号码与其进行通信。

二、移动通信的具体工作方式

（一）移动通信传输方式

按照通话的状态和占用的频道分类，无线通信的传输方式可分为单向传输（如广播式）和双向传输。其中，单向传输只用于无线电寻呼系统。双向传输则包括单工通信、双工通信和半双工通信。

1. 单工通信

单工通信①的信号只能沿着一个方向传输，即发送方发送时不能接收，接收方接收时不能发送。根据收、发频率的异同，又可分为同频单工和异频单工。单工通信如图5-1所示。

① 单工通信，是指消息只能单方向传输的工作方式。比如遥控、遥测，就是单工通信方式。

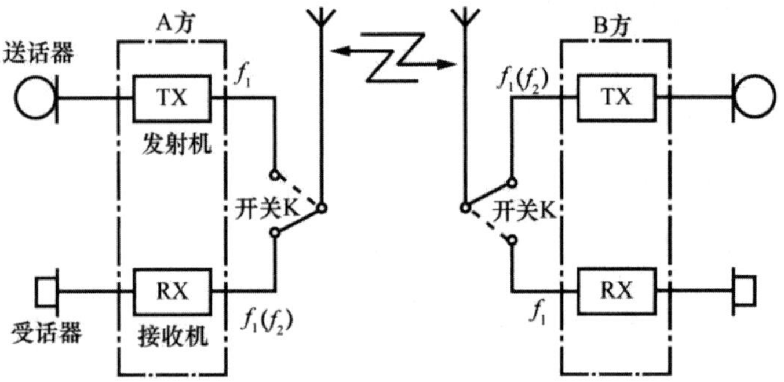

图 5-1　单工通信

（1）同频单工。同频单工是指通信的双方（如图 5-1 中的 A 方和 B 方）收发使用同一工作频率 f_1，通信双方的操作采用“按—讲”方式。平时，双方的送/受话器均处于守候状态，如果 A 方需要讲话，可按下“按—讲”开关，关掉 A 方接收机，使发射机工作，这时由于 B 方接收机处于守听状态，即可实现由 A 至 B 的通话；同理，也可实现由 B 至 A 的通话。在该方式中，一方（如 A 方）的送/受话器是交替工作的。

（2）异频（双频）单工。异频（双频）单工是指通信的双方收发使用两个频率 f_1 和 f_2，操作仍采用“按—讲”方式。一方（如 A 方）的送/受话器也是交替工作的，只是收发频率不同。

单工通信方式设备简单、功耗小，但操作较为不便。若通信双方配合不当，通话过程可能会呈现出断断续续的现象。对于位于同一地区的电台，必须采用不同的频率，否则会产生严重的干扰。

2. 双工通信

双工通信①也称全双工通信，一般使用一对信道，如图 5-2 所示，通信的双方送/受话器同时工作，这种方式，符合人们的习惯，使用方法与普通有线电话类似，在移动通信系统中获得了广泛的应用。

---

① 双工通信是指在同一时刻信息可以进行双向传输，和打电话一样，说的同时也能听，边说边听。这种发射机和接收机分别在两个不同的频率上（两个频率差有一定要求）能同时进行工作的双工机也称为异频双工机。

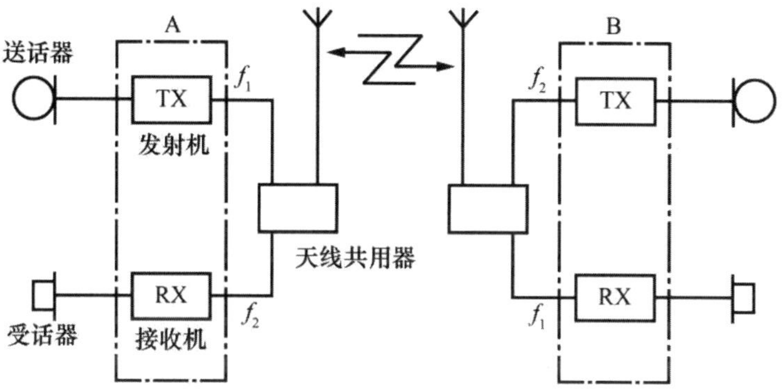

图 5-2　双工通信

在移动通信系统中，广泛采用准双工方式，准双工通信是双工通信的改进。移动电话的发射机只在打电话的时候才工作，但接收机是一直都在工作的，这种系统通常叫作准双工系统。

3. 半双工通信

半双工通信是指通信的双方，有一方（如 A 方）使用双工方式，即送/受话器同时工作，且使用两个不同的频率 f_1 和 f_2；而另一方（如 B 方）则采用异频单工方式，即送/受话器交替工作，信号可以沿两个方向传输，但两个方向不能同时传输，如图 5-3 所示。平时，B 方处于监听状态，仅在发话时才按压“按—讲”开关，使发射机工作。

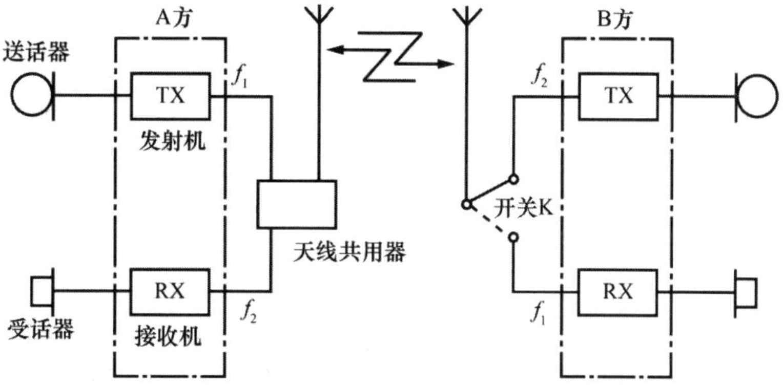

图 5-3　半双工通信

（二）模拟网与数字网方式

模拟移动电话网（简称模拟网）系统主要采用模拟调制和频分多址（FDMA）技术，

属于第一代移动通信技术。目前，我国完全停止公用模拟网。与模拟网相比，数字网语音清晰，技术扩展性强，具有以下优点。

第一，容量大，频谱利用率高。模拟网采用频分多址（FDMA）的多址方式，即一个载波话路传一路语音。模拟调频技术很难进一步压缩已调信号频谱，从而限制了频谱利用率的提高。而数字网的多址方式可采用时分多址（TDMA）和码分多址（CDMA），还可采用其他技术，如低速语音编码技术、高效数字调制解调技术等，压缩信号带宽，提高频谱利用率。在移动通信领域，系统容量一直是一个关键问题。随着移动用户数量的不断增加，不断提高系统容量以满足用户需求是移动网络从模拟网向数字网发展的主要原因之一。因此，移动通信系统需要不断优化和升级，以适应日益增长的用户需求并提高系统容量。

第二，数字信号抗衰落的能力高，通信质量好。在模拟无线传输中主要的抗衰落技术是分集接收，在数字系统中，抗衰落技术除采用分集接收外，还可采用扩频、跳频、交织、编码及各种数字信号处理技术，具有更强的抗衰落能力，通信质量较高。

第三，易于保密。无线电波的传播是开放的，很容易被窃听。在模拟移动通信系统中，保密问题难以解决。对数字系统而言，利用数字加密理论和实用技术，更易实现通信的安全保密。

第四，业务种类丰富。数字移动通信系统能够提供多种业务服务，其传输的内容除了语音信号外，还可以包括数据、图像信息等。这种多样性极大地提高了移动通信网的服务功能。

第五，网络管理和控制更加有效和灵活。在数字移动通信网中，便于实现多种可靠的控制功能。全数字系统能够实现更加有效、灵活和高质量的网络管理与控制。

第六，用户设备小巧轻便，成本低。数字移动电话小巧玲珑，重量轻。

第二节　噪声与抗干扰技术

一、噪声

“在移动通信系统中所有的无用信号都是噪声和干扰。由于噪声与干扰的复杂性，使得解决噪声与干扰对系统的影响成为系统设计中的难题之一”①。移动信道中的噪声可以被分为内部噪声和外部噪声。外部噪声又可以被分为自然噪声和人为噪声。

① 杨爱敏. 移动通信系统［M］. 北京：机械工业出版社，2015：54.

第一，内部噪声。内部噪声是由系统设备自身产生的各种噪声。例如，在电阻一类的导体中，热运动引起的热噪声、真空管中电子的起伏性发射或半导体中载流子的起伏变化引起的散弹噪声及电流哼声等。有些噪声，如电流哼声及接触不良或自激振荡等引起的噪声，是可以消除的，但热噪声和散弹噪声通常是不可避免的，且其准确波形无法被预测。这种无法预测的噪声统称为随机噪声。

第二，外部噪声。自然噪声及人为噪声为外部噪声，它们也属于随机噪声。依据噪声特征又可分为脉冲噪声和起伏噪声。脉冲噪声是在时间上无规则的突发噪声，例如，汽车发动机所产生的点火噪声，这种噪声的主要特点是其突发的脉冲幅度较大，而持续时间较短；从频谱上看，脉冲噪声通常有较宽频带；热噪声、散弹噪声及宇宙噪声是典型的起伏噪声。

二、抗干扰技术

抗干扰技术是一门涉及电子、通信、自动化等领域的实践性学科，其目标在于通过一系列手段和方法，降低或消除外部干扰对系统正常工作的不良影响，这些外部干扰源涵盖了电磁辐射、电源波动、其他设备的电磁干扰以及自然界各种形式的干扰，而为了应对这些挑战，工程师们积极探索各种抗干扰技术。

（一）常见的抗干扰技术

第一，屏蔽和隔离。通过采用屏蔽材料和隔离设备，工程师可以有效地阻挡外部电磁辐射，从而减小干扰传播的程度，确保系统内部的稳定性和可靠性。

第二，滤波器。在系统中安装滤波器可以阻止特定频率范围的信号传输，从而有效减小对系统的干扰，对于需要特定频段的应用场景具有至关重要的意义。通过滤波器的过滤作用，可以将不需要的频率成分过滤掉，从而确保系统只接收所需的信号。这种技术在实际应用中非常普遍，例如在音频、视频、无线通信等领域都有广泛的应用。

第三，接地和接地隔离。建立有效的接地系统有助于将多余电荷导入地面，从而降低电磁干扰的程度。接地隔离则通过防止地面环路的形成，提高系统整体的稳定性。在电力系统和电子设备中，接地是一个非常重要的环节。良好的接地系统可以有效地将设备与大地相连，避免静电积累和电磁干扰对设备产生的不良影响。同时，接地隔离还可以防止地面环路的形成，避免由于地电流引起的干扰和不稳定。

第四，差分信号传输。采用差分信号传输方式，通过比较两个相反的信号，可以减小对外部干扰的敏感性，提高系统抗干扰能力。这种传输方式在长距离传输和高速传输中尤其具有优势。由于外部干扰总是存在的，而差分信号传输方式可以有效地抵消外部干扰的影响，提高信号的可靠性。

第五，同步技术。在通信和自动化系统中采用精确的时钟同步技术，可以确保系统各部分协同工作，降低时序干扰对系统性能的影响。在分布式系统和多处理器系统中，时钟同步技术尤为重要。通过精确的时钟同步技术，可以确保系统各部分在同一时间进行操作，避免时序混乱和干扰对系统性能产生不良影响。

第六，数字信号处理（DSP）。运用先进的数字信号处理技术，能够有效地抑制各种干扰信号，显著提升信号的质量，使整个系统更加稳定可靠。这种技术的运用可以大幅度提高系统的性能，使其在复杂的环境中也能保持出色的表现。

第七，频谱分析。通过精密的频谱分析技术，可以及时识别并消除各种干扰源，采取相应的措施来消除或减小干扰，确保整个系统在各种情况下都能正常运行。这种技术对于提高系统的可靠性和稳定性具有重要的作用。

第八，冗余设计。在系统中引入冗余元件，可以进一步提高系统的可靠性和稳定性。即使在面对意外故障的情况下，系统也能够维持正常运行，降低了故障对整个系统的影响。

第九，防雷技术。在关键设备周围设置防雷设备，可以预防雷电引起的过电压干扰，进一步确保系统的稳定性。这种技术对于保护系统免受自然灾害的影响具有重要的作用。

第十，温度控制。通过精确的温度控制技术，可以避免温度波动引起的干扰，保障系统在各种环境条件下的可靠性。这种技术对于提高系统的稳定性和性能具有重要的作用。

以上这些抗干扰技术并非孤立存在，而是根据具体应用和系统要求进行选择和组合。在电子系统的设计和维护过程中，全面考虑这些因素，并采用适当的抗干扰技术，将有助于确保系统的正常运行。在抗干扰的不懈努力下，电子设备能够更为稳定、可靠地运行，以满足各种复杂环境下的需求。随着科技的不断发展，抗干扰技术的研究和创新将继续推动各领域系统的性能提升。

（二）抗干扰技术的应用

为了消除系统中各种干扰的影响，除了上面所介绍的减小同频干扰、互调干扰的方法，以及采用分集接收、均衡等抗干扰技术外，在蜂窝移动通信系统中，还采用信道编码、交织、功率控制、不连续发送、跳频等技术来消除或减小系统中的干扰。例如，在GSM与CDMA系统中都采用功率控制来消除近端对远端的干扰，采用间断传输（DTX）来减小系统中的总干扰；采用跳频来减小多径干扰的影响。下面简要论述GSM系统中的

DTX 和跳频方式。

1. GSM 中的间断传输（DTX）

DTX 方式是利用了人们讲话的特性，即当两人在交谈时，总是一方在讲，另一方在听，且一个人长时间持续不断讲话的概率比较小。因此，在发送端可在语音帧有信息时开启发送，在语音间歇期间关闭发送，即语音信息的传输是不连续的。但 GSM 系统中的 DTX 并不是在语音间歇期间简单地关闭发信机，而是在关闭发信机之前要传输一定的背景参数，采取这种措施的原因有两个方面：①在语音信号的起始和终止阶段，随着发信设备的开启或关闭，会产生噪声调制；②如果在语音信号之间的静默期内过于安静，可能会给接收者带来通信中断的错觉。因此，DTX 模式不仅在关闭发信设备之前需要传输发信端的背景参数，而且在语音信号间的静默期，也需要定期开启发信设备，发送新的背景参数。接收端利用这些参数，可以人为地再生与发送端相似的噪声，即舒适噪声。

在 GSM 系统中，是利用语音激活检测（VAD）技术来确定一个语音帧中是否包含有语音信息。然后对通话期（语音激活期）的语音信息进行 13kbit/s 速率的编码，在间歇期（非语音激活期）对舒适噪声参数进行 500bit/s 的低速率编码。由于用户的交谈是随机的，因而采用 DTX 方式，能减少在同一时间空中总的传输信号电平，因此，DTX 能有效地减小用户之间的干扰。

2. GSM 系统中的跳频

GSM 网络运营者可在全国或服务区的一部分选择使用跳频功能。GSM 系统采用的是慢跳频，217 跳/s，每跳约 1200bit。跳频算法是在呼叫建立和切换时发给 MS 的，每一个 MS 以算法为依据推导出一系列频率，并在这些频率的时隙中进行发送。一个 MS 在一个时隙（577μs）内用固定频率发送或接收信号，在必要时，在一个时隙后跳到另一个频道的下一个 TDMA 帧中。即 GSM 的跳频是在两个时隙之间实现的。为了保证系统的正常工作，要求跳频在 1ms 之内完成。同一小区内，BS（基站）和 MS 将同时发生跳频。GSM 的公共控制信道（CCCH）是不用跳频的。

在 GSM 系统中，跳频分为两种：基带跳频和射频跳频。基带跳频的原理是通过不同频率的发射机发射语音信号，随着时间的变换而变换频率。射频跳频则是通过固定发射机，由跳频序列控制采用不同频率发射语音信号。需要注意的是，射频跳频需要使用两个发射机。其中一个发射机载波频率固定，用于传输广播控制信道（BCCH）信息；另一个发射机载波频率可随着跳频序列的序列值的变化而改变。

第三节　信息有效传输技术

数字信息的传输有两个重要的指标，即传信率和误码率，这两个指标综合反映了数字信息的有效传输问题。在实际通信系统中，我们希望信息能尽可能快地传输，但信息的传输速率又受到系统容量和传输带宽的限制。在传输带宽和系统容量一定的情况下，传输速率的提高必然会带来更多的误码。因此，传信率和误码率是制约数字信息有效传输的一对矛盾。在移动通信系统中，可使用的频带是非常有限的，因此，系统经营者首先遇到的问题是，如何在有限的带宽内容纳更多的用户，这除了在网络结构上采用小区制、频率复用的方式提高系统的容量之外，还应采取一些信号处理的技术手段来压缩数据率和提高系统的抗误码能力。

在无线信道传输过程中，数字信号往往会受到各种干扰和噪声的影响，导致接收端收到的信号中出现误码。为了满足信噪比的要求，必须确保误码率达到一定的标准。除了在系统设计时采取措施尽量减少干扰外，还可以通过提高所传输数字信号本身的抗干扰能力，即对数字信号进行差错控制编码，也称作信道编码。因此，信道编码的主要目的是增强数字信号的抗误码（或抗干扰）能力，使在信道中传输的数字信号本身具有一定的误码判断能力或纠错能力，从而提升信号传输的可靠性。

信源编码是通过去除信号中的冗余成分，来实现数据率压缩的，而信道编码则恰恰是通过在原信号中添加一定的冗余度来实现信号的抗误码能力的。对信号进行信道编码，就是按照一定的规则，在信源编码后的数据码流中，人为地加入一些监督码元，这些附加的监督码元与信息码元之间以某种确定的规则相互约束。在接收端根据监督码元与信息码元之间是否仍满足既定的约束关系，从而可判断出所接收的数据流中是否存在误码。根据所采取的编码方式不同、所加入的冗余度不同，经信道编码后的数据流具有不同的检纠错能力。显然，信道编码使信号具有了抗误码能力，是以数据率的提高为代价的。

一、信源编码

（一）信源编码的目的

信源编码是一种旨在提高数字信号效率和将模拟信号转化为数字形式的编码方法。通过采用高效的编码方式和压缩信息数据率，信源编码力求在尽可能低的比特率下传输与原信号质量相当的信号。这样可以在有限的带宽范围内容纳更多的用户，从而提高系统容量。

语音信号本身是模拟信号。模拟信号在采用数字信号的形式进行传输时，要经过抽样、量化、编码的 A-D 转换过程（通常又将量化、编码过程称为 PCM，即脉冲编码调制）。抽样速率由奈奎斯特抽样定理决定了信号的最低抽样速率，当采用二进制编码时，则量化间隔（或量化级数）最终决定了 A-D 转换后信号的数据率。由于量化带来的误差影响（量化噪声）对不同的输入信号电平影响是不同的。在量化误差相同的情况下，输入信号电平越高，则量化噪声越小。因此，对于不同的输入信号电平可以采用不同的量化间隔，即非均匀量化。欧洲各国和我国采用的 8 位 A 律非线性 PCM 语音编码（数据速率为 64kbit/s）与 13 位线性（均匀量化）PCM 语音编码（数据速率为 104kbit/s）具有相当的量化质量。由此可见，采用非均匀量化可有效地降低数据率。虽然 8 位 A 律非线性 PCM 语音编码和 13 位线性 PCM 语音编码也属于信源编码的范畴，但通常语音信源编码是指那些可使数据率低于 64kbit/s 的压缩语音编码。在进行信源编码时，既希望最大限度地降低码率，又希望尽量不造成对原信号质量的损伤，这两者是相互矛盾的，在实际应用中应根据信号的特点和不同的要求折中考虑，采取合适的压缩程度。此外，压缩后的数据速率在信道中传输时，比未经压缩的信号占用更窄的带宽，因而在有限的带宽内，可传输更多用户的信息。在接收端，解码器通过相应的算法和处理手段，将数据速率恢复为原来的 104kbit/s，信号形式仍然为 PCM 数字语音信号，再经 D-A 转换，即可得到与原信号相近的模拟语音信号。

（二）信源编码的分类

第一，子带编码。子带编码是一种频域的压缩编码方式，它是将信号分割为不同子频带，分别进行抽样（抽样速率低于原信号的抽样速率），并利用人耳对不同频率的不同感知标准，分别进行量化、编码。这样，量化噪声仅包含在子带内，并且每一个子带所需要的量化比特可以是固定的或随时间变化的（动态分配在各子带之间）。因而，在保证一定信号质量的前提下可有效地降低编码输出的比特率。

第二，语音编码。语音编码属于在时域对语音信号进行压缩的编码方式。语音编码通常可分为三类：一是，波形编码是依据语音信号的时域波形来进行编码的，其编码准则是能够以最小均方误差逼近原信号的波形。PCM 编码就是一种典型的波形编码。二是，声源编码不是跟踪语音信号的波形，而是利用语音的合成特点来进行编码的。声源编码首先在发送端分析语音信号，提取重要的语音特征参数，然后只对这些参数进行编码传输，在接收端再根据这些参数来恢复语音信号。对语音特征参数编码的比特率可以很低，与波形编码相比语音编码容易获得更有效的压缩率，其编码速率可压缩到24kbit/s以下（PCM的编码速率为64kbit/s）。三是，混合编码是波形编码、声源编码的结合。

实现声源编码的设备称为声码器。混合编码是将波形编码的高质量和声源编码的高压缩特性融为一体的编码方式，它可以在8~16kbit/s速率范围内实现良好的语音质量。在GSM系统中，语音编码器采用的是声码器和波形编码器的混合型编码器，全称为规则脉冲激励长期线性预测编码（RPE-LTP）。

二、差错控制

（一）差错控制的主要方式

在差错控制系统中，差错控制方式主要有以下三种。

第一，前向纠错（FEC）控制方式。前向纠错，又称自动纠错，是指发送端采用一种特殊的编码方式，使得发出的码元可以纠正传输过程中的错误。这种纠错方式在接收端使用相应的译码器进行解码时，能够自动识别并纠正错误的码元。这种前向纠错的优点在于：它不需要反馈信道，因而译码过程实时性较好，且能保持恒定的信息传输速率。然而，前向纠错也存在一些缺点：为了在最差的信道条件下获得较低的误码率，必须设计出包含较多监督码元的纠错码；这不仅增加了译码算法选择的难度，而且降低了系统的传输效率；因此，前向纠错并不适合在传输条件恶化的信道中使用。

第二，自动重传请求（ARQ）。反馈重发纠错方式是指发送端发出的是能够检测错误的编码序列，接收端译码器根据编码规则进行判决，并通过反馈信道把判决结果回传，无错时确认（ACK），有错时否认（NAK）。发送端根据回传指令，将有错的码组重发，直到接收端认为正确接收为止。反馈重发纠错方式的优点是检错码构造简单，不需要复杂的编、译码设备，在冗余度一定的条件下，检错码的检错能力比纠错码的纠错能力强得多，故整个系统的误码率可以保持在极低的数量级上。缺点是应用反馈重发纠错方式需要反馈信道，并要求发送端有大容量的信源存储器，且为保证收、发两端互相配合，控制电路较为复杂。另外，当信道干扰很频繁时，系统经常处于重发消息的状态，使传送信息的实时性变差。

第三，混合纠错方式（HEC）。该方式是上述两种方式的结合，即在ARQ系统中包含一个FEC子系统。发送端发出的是具有一定纠错能力和较强检错能力的码，所以经信道编码而附加的监督码元并不多。接收端检测数据码流，发现错误先由FEC子系统自动纠错，仅当错误较多超出纠错能力时，再发反馈信息要求重发，因此减少了重发次数。HEC 在一定程度上弥补了自动重传请求方式和前向纠错两种方式的缺点，充分发挥了码的检、纠错能力，在较强干扰的信道中仍可获得较低误码率，是实际通信中应用较多的纠错方式。

（二）信道编码目的及分类

在数字信号传输中，由于信道不理想以及加性噪声的影响，被传输的信号码元波形会变坏，造成接收端错误判决。为了尽量减小数字通信中信息码元的差错概率，应合理设计基带信号并采用均衡技术以减小信道线性畸变引起的码间干扰；对于由信道噪声引起的加性干扰，应考虑采取加大发送功率、适当选择调制解调方式等措施。但是随着现代数字通信技术的不断发展，以及传输速率的不断提高，对信息码元的差错概率 P_e 的要求也在提高，例如计算机间的数据传输，要求 P_e 低于 10^{-9}，并且信道带宽和发送功率受到限制，此时就需要采用信道编码，又称为差错控制编码。信道编码理论以香农信息论为基础，其核心是通过增加信息码元的冗余度，即增加一定数量的监督码元或校验码元，以形成一个满足特定约束关系的码字。在传输过程中，如果码字受到干扰，某位码元发生变化，这将破坏它们之间的约束关系。接收端通过检查约束关系是否被破坏，可以检测并纠正错误，从而提高通信的可靠性。此外，用不同的方法可以对差错控制编码进行不同的分类，具体如下。

第一，根据已编码组中信息码元与监督码元之间的函数关系，可分为线性码及非线性码。线性码，即信息码元与监督码元之间的关系呈现出线性特征，满足一组线性方程式。而非线性码的信息码元与监督码元之间的关系则不满足线性方程式。

第二，根据信息码元和监督码元之间的约束方式不同，可分为分组码和卷积码。分组码的监督码元仅与本码组的信息码元有关，而卷积码的监督码元不仅与本组信息码元有关，而且与前面若干码组的信息码元有约束关系。

第三，根据编码后信息码元是否保持原来的形式，可分为系统码和非系统码。系统码中，编码后的信息码元保持原样，而非系统码中的信息码元则改变了原来的信号形式。

第四，根据编码的不同功能，可分为三个方面：一是，检错码只能够发现错误，但不能纠正错误；二是，纠错码能够纠正错误；三是，纠删码既可以检错又可以纠错，但纠错能力有限，当有不能纠正的错误时将发出错误指示或删除不可纠正的错误段落。

第五，根据纠正、检验错误的类型不同，可分为纠正、检验随机性错误的码和纠正、检验突发性错误的码。随机性错误的码主要针对随机性错误进行纠正和检验，而突发性错误的码则主要针对突发性错误进行纠正和检验。

第六，根据码元取值的不同，可分为二进制码和多进制码。二进制纠检错编码是最常见的编码方式之一，其中每个码元只能取 0 或 1 两个值。而多进制码则是指每个码元可以取多个值。

三、交织

交织是将原信息中的连续比特分散到不同的时间段中组成新的序列，新组合的序列在信道中传输时，当出现长串连续的误码时，在接收端通过去交织，误码就被分散成单个的或很短的连续误码，分散后的误码一般都能利用信道编码的纠错能力予以纠正。

交织可分为卷积交织和分组交织两类。分组交织是将待处理的 $m \times n$ 个信息数据，以行的方式依次存储到一个 m 行 n 列的交织矩阵中。然后以列的方式读取数据，得到 n 帧码组、每帧有 m 个信息比特的输出序列。这样的输出序列已将原来连续的信息比特分散开了，原来连续的比特在输出序列中均被（$m-1$）个比特所间隔。通常将交织矩阵的行数 m 称为交织深度。m 越大，则交织后信息比特被分散的程度越高。

第四节　LTE 与 5G 移动技术

一、LTE 技术

LTE（Long-Term Evolution）是一种移动通信技术，属于第四代（4G）无线通信系统。LTE 旨在提供更高的数据传输速率、更低的延迟和更好的性能，相比之前的 3G 技术，它在多个方面都有显著的改进。

LTE 系统支持 FDD 和 TDD 两种双工方式，同时 LTE 还考虑支持半双工 FDD（H-FDD，Half-duplexFDD）这种特殊的双工方式。

第一，FDD 双工方式。FDD 双工方式指的是蜂窝系统中上行和下行信号分别在两个频带上发送，上下行频带间留有一定的频段保护间隔，避免上下行信号间的干扰。FDD 使用上下行成对频段，信号的发送和接收可以同时进行，减少了上下行信号间的反馈时延。

第二，TDD 双工方式。在 TDD 双工方式中，发送和接收信号共享相同的频带，但通过在时间轴上的不同时间段进行发送，以区分上下行信号。这种双工方式具有配置灵活的特点，可以在非成对频段内发送信号，这与其他双工方式所需的成对频段不同。此外，上下行信号占用的无线信道资源可以通过调整上下行时隙的比例进行灵活配置。这种灵活性使得 TDD 双工方式在无线通信系统中具有广泛的应用价值。

第三，H-FDD 双工方式。在半双工 FDD 中，基站仍然采用全双工 FDD 方式，终端的发送和接收信号虽然分别在不同的频带上传输，采用成对频谱，但其接收和发送信号不能够同时进行。H-FDD 的终端接收和发送信号的方式与 TDD 相似。

（一）LTE 需求

LTE 的目标是以 OFDMA 多址接入和多天线为主要技术基础，开发出一套满足更低传输时延、提供更高用户传输速率、增加容量和覆盖、减少运营费用、优化网络架构、采用更大载波带宽，并以优化分组数据域业务传输为目标的新一代移动通信标准。LTE 系统的需求主要分为以下八个方面。

1. 系统容量需求

系统容量需求包括对更高传输峰值速率和更低传输时延的需求。

（1）峰值速率需求。LTE 无线接入系统（E-UTRA，Evolution UTRA）应显著提升瞬时峰值速率，具体的峰值速率的大小与传输载波带宽成正比。对于下行传输峰值速率，当终端采用 2 天线接收，在 20MHz 的载波带宽情况下，瞬时峰值速率应满足 100Mbit/s 的设计目标，即频谱效率为 5（bit/s）·Hz^{-1}。对于上行传输峰值速率，当终端采用 1 天线发送时，应满足 50Mbit/s 的设计目标，即频谱效率为 2.5（bit/s）·Hz^{-1}。对于 TDD 系统，如果上行和下行共享传输带宽，不需要同时支持瞬时上下行峰值速率。

（2）传输时延需求。传输时延对业务的 QoS、传输速率、业务的建立和切换以及容量有着重要的影响。在 E-UTRA 中，对于传输时延的需求，分为控制平面时延需求和用户平面时延需求。

2. 系统性能需求

系统性能需求分为用户吞吐量、频谱效率、移动性、覆盖和多媒体广播多播业务（MBMS）的性能需求。

（1）用户吞吐量需求。用户吞吐量指标分为用户平均吞吐量和小区边缘吞吐量。用户平均吞吐量可以通过采用 MIMO 等技术进行有效提升；然而，对于提供稳定可靠业务感受的小区边缘吞吐量指标，由于 MIMO 技术无法直接有效改善其性能，因此更难以实现该指标。

下行用户吞吐量需求包括：①小区边缘吞吐量：下行 5%CDF（累积分布函数）处的每兆赫吞吐量设计目标为 R6 版本 HSDPA 的 2~3 倍速率。②小区平均吞吐量：当采用基站2天线发送、终端2天线接收时，相对于单天线接收（采用最大比合并接收算法）的R6版本HSDPA，EUTRA系统的每兆赫吞吐量应为R6版本HSDPA平均吞吐量的3~4倍。③所支持的用户吞吐量应正比于载波带宽。

上行用户吞吐量需求包括：①小区边缘吞吐量：上行5%CDF处的每兆赫吞吐量设计目标为R6版本HSUPA（终端单天线发送，基站2天线接收）的2~3倍速率。②小区平均吞吐量：当采用单天线发送、基站2天线接收时，每兆赫吞吐量应为R6版本HSDPA平均吞吐量的2~3倍。③上行用户吞吐量需求应正比于发送带宽和最大发送功率。

（2）频谱效率需求。频谱效率需求与用户吞吐量需求类似。

第一，下行频谱效率。在有效负载网络中，当采用基站2天线发送、终端2天线接收时，相对于单天线接收（采用最大比合并算法）的R6版本HSDPA，E-UTRA系统的下行频谱效率（bit/s）$\cdot Hz^{-1} \cdot site^{-1}$应为R6版本HSDPA的3~4倍。

第二，上行频谱效率。在有效负载网络中，当采用终端单天线发送、基站2天线接收时，E-UTRA系统的上行频谱效率（bit/s）$\cdot Hz^{-1} \cdot site^{-1}$应为R6版本HSDPA的2~3倍。

（3）移动性需求。E-UTRAN支持在多个小区间的移动和切换。系统在低速场景（0~15km/h）进行优化设计；在高速场景（15~120km/h）下能够实现较高的性能；能够支持120~350km/h（有可能需要支持500km/h）下的移动性。对于UTRAN系统中的电路交换（Circuit-Switch，CS）域的实时业务（如话音业务等），在E-UTRAN中需要通过分组交换（Packet-Switch，PS）方式实现，并具有等同的业务质量。

（4）覆盖需求。E-UTRA系统应具备灵活且有效的能力，以支持多种覆盖场景。在不同覆盖场景中，为确保系统性能达到以下指标，E-UTRA系统应具备以下特性：①当小区覆盖半径在5km范围内时，为确保用户吞吐量、频谱效率和移动性能量达到预期需求，E-UTRA系统应具备相应的支持能力；②当小区覆盖半径在30km范围内时，尽管移动性能需求仍需完全满足，但用户吞吐量需求可允许略微下降，而频谱效率则可允许明显下降；③E-UTRA系统还应具备支持100km半径的小区覆盖的能力。

（5）MBMS需求。相对于UTRA系统，在E-UTRA系统中需要支持功能更强大的MBMS业务。在E-UTRA系统中，MBMS业务应具有以下特点。①更高的频谱效率：在多个小区同时发送相同的MBMS业务时，MBMS业务的小区边缘频谱效率不低于1（bit/s）$\cdot Hz^{-1}$，等同于在5MHz带宽内可支持16个300kbit/s业务的移动电视频道。②在单播和多播混合载波内，MBMS业务在小区边缘的频谱效率与单播业务相同。③MBMS业务应尽可能地减少一个小区内或位于两个不同载波间的广播业务频道间、广播业务与单播业务切换时的终端时延。④为了减少终端复杂度，MBMS业务与单播业务采用相同的多址、调制、编码方式；同时，终端带宽等级方面，MBMS 与单播业务相同；MBMS 业务应在单独载波和混合载波方式下应用。⑤E-UTRA 系统支持 MBMS 业务和话音业务在一个用户中并发应用。⑥E-UTRA 系统支持 MBMS 业务和数据业务在一个用户中并发应用。⑦E-UTRA 系统支持 MBMS 业务在非对称频段中应用。

3. 系统部署相关需求

（1）部署场景。E-UTRAN 系统支持以下两种部署场景。①单独部署场景：E-UTRAN 系统可在以前未部署无线网络的地区进行部署；或者在已存在 UTRAN/GERAN 覆盖的区域部署 E-UTRAN 系统，但 E-UTRAN 与 UTRAN/GERAN 间不存在互操作。②与现有 UTRAN/GERAN 融合部署：E-UTRAN 在已存在 UTRAN/GERAN 覆盖的区域内部署，并且网络间存在互操作。

（2）频谱灵活应用。E-UTRA 应支持在不同带宽的频带中灵活部署，主要包括：①E-UTRA支持不同带宽的部署场景，包括 1.4MHz、3.0MHz、5MHz、10MHz、15MHz 和 20MHz，同时支持在成对和非成对频段上部署。②E-UTRA 可灵活支持“Downlink-only”和“Downlink and Uplink”两种广播传输模式，以利于频谱的优化应用。③E-UTRA 可根据运营商或特殊的需求（如紧急情况、特殊的局部或全局性事件），灵活地配置用于不同传输需求的无线资源。④在对称和非对称频谱的使用上，应该避免不必要的技术差异，尽可能地降低附加的复杂度。

（3）频谱部署。E-UTRA 应能够在以下场景下完成部署：①在相同的地理区域内实现与 GERAN/3G 系统的邻频、共站址共存。②在相同的地理区域内实现不同运营商系统间的邻频、共站址共存。③在国境线上的系统间可实现相互重叠和相邻频段情况下共存。④可在所有的频段内独立进行部署。

（4）与 3GPP 现有系统的共存和互操作。E-UTRA 应支持与其他 3GPP 系统的互操作：①E-UTRAN 终端如果具有在 UTRAN 或 GERAN 中操作的能力，为了支持系统间切换，终端必须具备在 UTRAN 或 GERAN 中测量的能力，测量对终端复杂度和网络性能的影响。②为了支持不同无线接入系统间的切换，E-UTRAN 系统网络需在有限的终端复杂度和对网络性能的影响情况下，有效地支持不同无线接入系统间（Inter-RAT）的测量，例如，通过下行和上行资源调度，为终端提供测量的时机。③E-UTRAN 和 UTRAN 系统间实时业务的切换中断时延少于 300ms。④E-UTRAN 和 UTRAN 系统间非实时业务的切换中断时延少于 500ms。⑤E-UTRAN 和 GERAN 系统间实时业务的切换中断时延少于 300ms。⑥E-UTRAN 和 GERAN 系统间非实时业务的切换中断时延少于 500ms。⑦支持 UTRAN/GERAN 和 E-UTRAN 的双模终端如果处于非激活状态，只需要检测 GERAN、

UTRA 或 E-UTRA 中一个系统的寻呼消息。⑧E-UTRAN 系统的广播数据流和 UTRAN 系统采用单播方式发送广播数据流（如相同的电视频道）间进行切换时，中断时延需满足要求。⑨E-UTRAN 系统的广播数据流和 GERAN 系统采用单播方式发送广播数据流（如相同的电视频道）间进行切换时，中断时延需满足要求。⑩E-UTRAN 与 UTRAN 系统的广播数据流业务（如相同的电视频道）进行切换时，中断时延需满足要求。

4. **网络架构及迁移需求**

（1）尽管 E-UTRAN 系统需要支持实时和对话类业务，但其架构应主要基于分组域。为了确保数据传输的高效性和实时性，该架构应具备支持数据分组传输的能力。

（2）E-UTRAN 系统架构的设计应该在不额外增加系统成本的基础上，最小化“单点失败（Single Points of Failure）”的可能性。这意味着在构建系统时，应考虑采用分布式设计和冗余设备，以确保系统即使在某个部件发生故障时仍能继续运行。

（3）E-UTRAN 系统架构应该采用简化设计，尽可能减少接口数目。这不仅可以降低系统的复杂性，还有助于提高性能和减少故障点。

（4）为了提高系统性能，E-UTRAN 系统架构不应排除无线网络层（Radio Network Layer）和传输网络层（Transportation Network Layer）间互操作的可能性。通过这两层之间的互动，可以更好地优化数据传输，提高系统效率。

（5）E-UTRAN 系统架构应支持端到端的 QoS，传输网络层应根据无线网络层的需求提供合适的 QoS。这种设计可以确保数据在传输过程中得到适当的优先级和资源分配，从而满足实时和对话类业务的需求。

（6）QoS 机制应该考虑到各种类型的业务，包括控制平面、用户平面、操作与管理类业务，以便在各种情况下有效利用系统带宽。通过为不同类型的业务提供不同的优先级和资源分配，可以更高效地利用带宽资源。

（7）E-UTRAN 系统架构设计应尽可能减少时延变化（抖动），以便有效地支持 TCP/IP 分组业务传输。时延变化可能会影响数据的实时性和完整性，因此需要尽可能减少这种影响。

5. **无线资源管理需求**

（1）增强无线资源管理机制，以便实现更好的端到端 QoS。

（2）E-UTRAN 系统应提供在空口有效的传输和高层协议操作方式，如支持 IP 头压缩方式。

（3）E-UTRAN 系统应支持在不同的无线接入系统间的负载均衡机制和管理策略。

6. 复杂性需求

（1）对系统整体需求。为了进一步减少 E-UTRAN 系统的实现复杂性，降低终端的成本，需满足以下要求：①最小化功能实现的可选项。②避免多余的必选项特性。③减少测试的数量，比如通过减少协议栈的状态数、最小化过程数、合适的参数范围和颗粒度等。

（2）对终端复杂性需求。E-UTRAN 系统终端应在提供高性能服务的同时，尽可能减少尺寸、重量，提高电池使用时长。①在设计 E-UTRA 特性复杂度时，应考虑终端可能支持多种模式（GERAN/UTRA/E-UTRA）时的复杂性。②最小化终端的必选特性。③应避免在实现相同的功能时标准化重复或多余的必选项特性。④尽量减少可选项数目，可选项集合可通过不同的终端能力等级进行区分，不同能力等级的终端对应于不同的复杂度和性能折中，如多天线能力等。⑤尽可能减少终端的必选测试例，加快 LTE 开发和测试进度。

7. 成本相关需求

（1）回程通信协议应进行优化设计。

（2）E-UTRAN 架构设计应尽可能减少网络部署的费用，并能重用当前站址。

（3）所有被标准化的接口都应为开放接口，以实现多个设备厂商设备间的互联互通。

（4）系统的维护、管理和配置操作应尽可能简便。

8. 业务相关需求

E-UTRA 系统应该具备高效和灵活的特性，能够全面支持各种类型的业务，包括但不限于现有的网页浏览、FTP 业务、视频流业务和 VoIP 业务。同时，它应以分组域方式支持更先进的业务，如实时视频或一键通等。这种系统应具备出色的性能，以确保无线接口和回程效率以及时延性能不低于现有的 UMTS 系统电路域话音实现方式。

E-UTRA 系统的设计应充分考虑各种业务的需求和特点。对于网页浏览和 FTP 业务，系统应提供高速度和稳定的数据传输。对于视频流业务，系统应支持高清、流畅的视频播放，同时保证低延迟和稳定的数据传输。对于 VoIP 业务，系统应优化无线接口和回程效率，以确保语音通话的清晰度和稳定性。此外，E-UTRA 系统还应具备智能化的特点，能够理解自然语言并生成相应的回复。这种回复应具有思路清晰、逻辑严密、推理精确的特点，能够有效地回答用户的问题或提供所需的信息。通过这种方式，E-UTRA 系统可以为用户提供更加便捷、高效的工作和生活体验。

（二）LTE 关键技术

1. 多载波技术

多载波技术被广泛应用于 LTE 系统中，其中下行方向采用了正交频分多址接入

(OFDMA)，上行方向则采用了单载波频分多址接入（SC-FDMA），这两种多址接入技术都将频域作为系统一个新的灵活资源。OFDMA 是对多载波技术（OFDM）的扩展，它提供了一个非常灵活的多址接入方案，其本质上仍然是一种频分复用多址接入技术。

OFDM 技术可以将有效的信号传输带宽细分为多个窄带子载波，并使其相互正交，这样任意一个子载波都可以单独或成组地传输独立的信息流。而 OFDMA 技术则利用有效带宽的细分在多用户间共享子载波。这种方案的灵活性可以通过以下不同的方式表现：①可以在不改变系统基本参数或设备设计的情况下使用不同的频谱带宽；②可变带宽的传输资源可以在频域内自由调度，分配给不同的用户；③为软频率复用和小区间的干扰协调提供便利。

近年来，数字音频和视频广播系统领域积累了大量关于 OFDM 技术的经验，这些经验都强调了 OFDM 的一些主要优点，包括以下方面：①对抗时间弥散无线信道的健壮性，由于把宽带传输信号细分为多个窄带子载波，从而使得符号间干扰主要限制在每个符号起始的保护带内；②通过频域均衡实现的低复杂度接收机；③广播网络中多重发射机发射信号的简单合并。

2. 多天线技术

多天线技术是指在无线通信的发射端或接收端采用多副天线，同时结合先进的信号处理技术实现的一种综合技术。

使用多天线技术，可以把空间域作为另一个新资源。在追求更高频谱效率的要求下，多天线技术已经成为最基本的解决方案之一。随着多天线技术的应用，理论上可实现的频谱效率随所装备的发射和接收天线中的最小数目呈线性增长，至少在适当的无线传播条件下可以达到。

多天线技术可以用各种方式实现，主要基于三个基本原则。①分集增益：利用多天线提供的空间分集来改善多径衰落情况下传输的健壮性。②阵列增益：通过预编码或波束成形使能量集中在一个或多个特定方向。这也可以为在不同方向的多个用户同时提供业务(即多用户 MIMO)。③空间复用增益：在可用天线组合所建立的多重空间层上，将多个信号流传输给单个用户。

3. 链路自适应技术

在蜂窝移动通信系统中，一个极其关键的特征就是无线信道的时变性。无线信道的时变特性涵盖了诸如传播损耗、快衰落、慢衰落以及干扰变化等影响因素。然而，由于无线信道的这种变化性，接收端接收到的信号质量也随之成为一种随无线信道变化的变量。因此，如何有效利用信道的时变特性、如何在有限的带宽内最大限度地提高数据传输速率，从而最大限度地提高频带利用效率，已逐渐成为移动通信领域的研究热点。链路自适应技术由于其在提高数据传输速率和频谱利用率方面的显著优势，已成为当前及未来移动通信系统的关键技术之一。

链路自适应技术，是指系统根据当前获取的信道信息，自适应地调整系统传输参数的行为，用以克服或者适应当前信道变化带来的影响。从链路自适应技术的基本原理可以看出，链路自适应技术主要包含两方面的内容：一方面是信道信息的获取，包括准确和有效地获取当前信道环境参数，以及采取怎样的信道指示参数能够更为有效和准确地反映信道的状况；另一方面是传输参数的调整，其中包含调制方式、编码方式、冗余信息、发射功率以及时频资源等参数的调整。链路自适应技术主要包含自适应调制与编码技术、功率控制技术、混合自动重传请求和信道选择性调度技术。

（1）自适应调制与编码（AMC）技术。其基本原理是在发送功率恒定的情况下，通过调整无线链路传输的调制方式与编码速率，确保链路的传输质量。当信道条件较差时，选择较小的调制方式与编码速率；当信道条件较好时，选择较大的调制方式，从而最大化了传输速率。在 LTE 系统中，数据流的处理结构是空域优先的，即先在空域上进行资源分配，然后再分别对每根天线进行频域的资源分配，这一结构被称为每天线速率控制。然后综合考虑系统性能和复杂度等因素，对于每根天线上的资源分配，采用公共调制-公共编码结构，即对于频域资源块采用相同的调制编码方式（MCS）。简言之，对每个用户的单个数据流，在一个 TTI 内，每个来自层 2 的协议数据单元只能采用一种 MCS 组合，但对于不同 MIMO 流之间则可以采用不同的 MCS 组合。

（2）功率控制技术。作为无线通信系统中的一项基本技术，功率控制技术用于补偿无线信道的衰落影响，使得信号能够以比较合适的功率到达接收机。由于 LTE 上行采用 SC-FDMA 技术，下行采用 OFDMA 技术，一个小区内发送给不同 UE 的上下行信号之间是相互正交的，因此不存在 CDMA 系统因远近效应而进行功率控制的必要性，LTE 上下行功率控制主要用于补偿信道的路径损耗和阴影，并用于抑制小区间的干扰。在信道状态良好的情况下，发射端可以适当地降低发送功率，而当信道状态不佳时，发射端可以提高发送功率以确保接收性能，并保持接收端的信噪比在相对恒定的范围内。合理的功率控制方案不仅可以降低发射机的功耗，特别是对于终端功耗具有重要意义，还可以避免对小区内其他用户的干扰，从而提高传输性能和系统容量。此外，控制小区间的互相干扰对于采用 OFDM 方式的 LTE 系统尤为重要。因此，实施合理的功率控制方案有助于提升无线通信系统的整体性能和可靠性。

（3）混合自动重传请求（HARQ）技术。该技术有效地结合前向纠错编码（FEC）和自动重传请求（ARQ）两种基本的差错控制方法，提供了比单独的 FEC 方法更高的可靠性和比单独的 ARQ 方法更高的传输速率。HARQ 从重传内容上分主要有三种机制：Chase 合并、完全增量冗余和部分增量冗余。具体而言，如果 HARQ 每次重传的时刻和所采用的发射参数（如调制编码方式及资源分配等）都是预先定义好的，称为同步非自适应 HARQ。而所谓异步 HARQ 即重传可以根据需要随时发起，自适应 HARQ 即每次重传的发射参数可以动态调整。因此异步 HARQ 和自适应 HARQ 与一般的同步非自适应 HARQ 相比可以取得一定增益，但同时需要额外的信令开销。在 LTE 系统中，采用的是增量冗余（IR）HARQ 机制，并且在下行链路系统中采用异步自适应的 HARQ 技术，在上行链路采用同步非自适应 HARQ 技术。

（4）信道选择性调度技术。信道选择性调度技术是根据无线信道测量的结果，选择信道条件比较好的时频资源进行数据的传输。在多用户共享资源的移动通信系统中，由于用户所处的位置不同，其信号传输信道也各不相同。在 LTE 系统中，由于采用了 OFDM 技术，我们可以在频域上进行信道选择性调度，实现更精细的调度。随着系统带宽的增加，信道的频率选择性衰落特性愈发明显。通过为每个用户分配最佳的频带资源，我们可以实现频域上的多用户分集增益，进而提高系统吞吐量和频谱利用率。

频域信道选择性调度与信道质量信息（CQI）的获取密切相关。在下行信道中，CQI 是通过终端测量全带宽的公共参考信号来获得不同频带的信道状态信息，并通过上行信道反馈给基站。而对于上行信道的质量信息，则是通过基站测量终端发送的上行探测参考信号来获取不同频带的信道状态信息。

二、5G 移动技术

5G 作为面向 2020 年及以后的移动通信系统，相较于 4G，其在吞吐量、时延、连接数量和能耗指标等方面都有显著改进。具体而言，5G 具备超高容量的带宽，能够支持高质量视频图像传输，这将为用户带来更为出色的业务体验。此外，5G 具备超高业务密度和超高移动性支持，这意味着用户可以在任何地点和任何时间获得一致的性能体验，无须担心网络覆盖的问题。

值得注意的是，5G 具备超低时延的使用体验，这使得信息可以突破时空限制，为用户实时呈现业务内容。这种超低时延的使用体验将为用户带来更为流畅的操作感受，同时也为一些需要实时反馈的业务提供了更好的支持。另外，5G 提供超百倍的能效提升和大幅度的比特成本降低，这将有助于保证产业的可持续性发展。同时，这也意味着用户可以享受到更加经济实惠的网络服务，从而更好地利用5G技术推动社会进步。

5G不是单一的技术演进，而是整合了新型无线接入技术和现有无线接入技术（如4G和WLAN），通过融合多种技术来满足不同的需求，支持各种泛在业务，是一个真正意义上的融合网络。5G将打破现有频谱资源的制约，实现全频谱感知智能通信；更重要的是，通过集成多种无线接入技术方案，5G技术可以把各行各业彻底带入网络社会，实现万物互联。在这样的背景下，5G除了要满足超高速的传输需求，还需要应对来自联网设备的大规模增长以及不同应用场景对网络需求不同的挑战，满足超高容量、超可靠性、随时随地可接入性等要求。

5G的技术创新涉及多个层面，包括网络系统体系架构、无线组网、无线传输、新型天线与射频以及新频谱开发与利用等。

（一）5G的应用场景

5G移动通信网络与前几代移动通信网络相比，其最大的特点是能够同时满足3个场景的通信需求：增强型移动宽带（Enhanced Mobile Broadband，eMBB）场景、海量机器通信（Massive Machine Type Communications，mMTC）场景和超高可靠低时延通信（Ultra Reliable and Low Latency Communications，uRLLC）场景。5G的场景及其典型应用主要从以下几个方面探讨。

第一，eMBB应用场景。移动宽带通信一直是传统的2G、3G、4G移动通信的主要技术目标。5G在eMBB中对移动宽带通信提出了更高的要求，一方面要满足连续广域覆盖，在满足用户移动性和业务连续性的前提下，无论用户静止还是高速移动、处于覆盖中心还是边缘，都能随时随地获得100Mbit/s以上的体验速度；另一方面要满足热点地区高容量、面向室内外密集人群等热点区域，为用户提供1Gbit/s的极高数据传输速率，满足每平方千米数十Tbit/s的极高流量密度需求。eMBB以保证用户移动性和业务连续性为目标，为用户提供无缝的高速业务体验。同时，在业务热点区域，为用户提供极高的数据传输速率，满足网络极高的流量密度需求。eMBB主要包括以下各类场景及应用：VR/AR、4K/8K超高清视频等更高速率、更高频谱效率的移动宽带业务。

第二，mMTC应用场景。mMTC主要应用于智慧城市、环境监测、智能农业、森林防火等以传感和数据采集为目标的应用场景，其特点在于小数据包、低功耗、海量连接。mMTC终端分布范围广泛，数量众多，因此要求网络具备超密集连接的支持能力，以满足每平方千米100万连接数密度的指标要求。同时，还需要保证终端的超低功耗和超低成本。

第三，uRLLC 应用场景。针对车联网、工业控制等特定应用需求，uRLLC 致力于提供极高的时延和可靠性指标，以确保毫秒级的端到端时延和接近 100%的业务可靠性保证。其特点主要体现在高可靠性、低时延和极高的可用性，以满足各类场景和应用的需求。在工业应用和控制、无人驾驶、远程制造、远程培训、远程手术等领域中，uRLLC 能够提供低时延、高可靠连接的业务，从而满足不同行业的需求。

（二）5G 移动通信的关键技术

1. 5G 空口关键技术

（1）新型多址接入技术。多址接入技术是移动通信系统中满足多用户同时通信的重要手段，每一代移动通信系统的升级换代都以多址接入技术的革新为主线。1~4G 系统大都采用了正交多址接入技术：1G 系统为 FDMA，2G 系统为 TDMA/CDMA，3G 系统为 CDMA，4G 系统为 OFDMA/SC-FDMA。面向未来，5G 系统不仅需要大幅度提升系统频谱效率，还要具备支持更大系统容量、更多用户连接，以及更低时延需求的能力。此外，在简化系统设计及信令流程方面也提出了更高的要求。

4G 系统的单链路性能已经接近理论容量上限，单链路频谱效率的提升空间有限，这对现有的正交多址接入技术形成了严峻挑战。为此，业界开始了新型多址接入技术的研究。以稀疏码多址接入（SCMA）、图样分割多址接入（PDMA）、多用户共享接入（MUSA）、非正交多址接入（NOMA）为代表的新型多址技术不仅能提升系统频谱效率，还可以增加有限资源下的用户连接数量，增加系统接入容量、降低时延。

第一，SCMA。SCMA 是一种基于码本的、频谱效率接近最优的新型非正交多址接入方案。SCMA 将低密度码和调制技术相结合，通过共轭、转换以及相应旋转等方式选择最优的码本集合；SCMA 编码器在预定义的码本集合中为每个用户选择一个码本；不同用户基于分配的码本进行信息传输，信道编码后的数据比特直接映射到相应的码字中；然后将多个用户的码字进行非正交叠加。在码域非正交多址接入技术中，扩频码字设计直接影响多址接入技术的性能和串行干扰消除（SIC）接收机的复杂度。SCMA 采用的是低密扩频码，因为低密扩频码中有部分零元素，码字结构具有明显的稀疏性，这也是 SCMA 技术命名的由来，这种稀疏特性的优点是可以使接收端采用复杂度较低的消息传递算法和多用户联合迭代算法，从而实现近似多用户最大似然解码。SCMA 适合于小数据包、低功耗、低成本的物联网业务应用。

第二，PDMA。PDMA 是一种可以在功率域、码域、空域、频域和时域同时或选择性应用的新型非正交多址接入方案。PDMA 可以在时频资源单元的基础上，通过叠加不同信号功率的用户信号，实现多用户信号的统一表述。这种处理过程较为复杂，因为需要将不同用户信号或同一用户的不同信号承载在具有特征图样的资源单元中，并进行叠加。基站通过图样叠加方式将多用户信号叠加在一起，并通过天线发送到终端。这些叠加在一起的图样既有功率的、天线端口号的，也有扩频码的，甚至某个用户的所有信号中叠加的图样可能是功率的、天线的和扩频码的共同组合的资源承载体。因此，在终端 SIC 接收机中的图样检测算法比较复杂。PDMA 适用于 5G 中提升频谱效率和系统容量的连续广域覆盖场景和热点高容量场景。

第三，MUSA。MUSA 是一种基于码域叠加的新型非正交多址接入方案。在上行链路中，MUSA 技术充分利用终端用户因距基站远近而引起的发射功率的差异，在发射端使用非正交复数扩频序列编码对用户信息进行调制，在接收端使用 SIC 技术滤除干扰，恢复每个用户的通信信息。对于下行链路，基于传统的功率叠加方案，利用镜像星座图对配对用户的符号映射进行优化，提升下行链路性能。在 MUSA 技术中，多用户可以共享相同的时域、频域和空域资源，在每个时域、频域资源单元上，MUSA 通过对用户信息扩频编码，从而显著提升系统的资源复用能力。理论研究表明，MUSA 算法可以将无线接入网络的过载能力提升 300%以上，能够较好地服务于 5G 时代的海量连接和万物互联。

第四，NOMA。NOMA 的基本思想是在发送端采用非正交发送方法，主动引入干扰信息，在接收端通过串行干扰消除接收机实现正确解调。虽然采用 SIC 技术的接收机复杂度有一定的增加，但是能够大幅提高频谱效率。采用非正交多址接入技术，用户有更多机会接入，网络整体吞吐量和频谱效率能够得到提升。用提高接收机的复杂度换取频谱效率的提升，这是 NOMA 技术的实质。NOMA 的子信道传输继续采用 OFDM 技术，子信道之间具有正交性，因此它们之间不会互相干扰。然而，不同于传统的 OFDM 技术，在 NOMA 中，单个子信道不再仅分配给一个用户，而是由多个用户共享。值得注意的是，同一子信道上的不同用户之间采用的是非正交传输方式，这导致了用户间的干扰问题。对于那些要求低延迟或低功耗的业务场景，采用非正交多址接入技术可以更好地实现免调度竞争接入，以实现低延迟通信并减少射频开启时间，从而降低设备功耗。然而，对于其他场景，如下行 MTC，考虑到终端的成本和实现复杂度，可能需要使用更为简单的正交多址技术。

（2）灵活双工技术。传统 4G 系统中成对频谱使用的 FDD 和固定上下行时隙配比的 TDD 方案已经不能有效支持业务动态不对称特性。灵活双工技术充分考虑了业务总量增长和上下行业务不对称特性，根据上下行业务变化情况动态分配上下行资源，有效提高系统资源利用率。灵活双工技术既可以用于低功率节点的微基站，也可以应用于低功率的中继节点。

灵活双工的主要问题在于如何规避不同通信设备上下行信号间的相互干扰。在4G系统中，上行信号和下行信号在多址方式、子载波映射、参考信号谱图等多方面存在差异，不利于干扰识别和消除。5G系统将采用新频段和新的多址方式，对上下行信号进行全新的设计，可根据上下行信号对称性原则来设计5G的通信协议和系统，从而将上下行信号统一，那么上下行信号间的干扰自然被转换为同向信号间干扰，再应用现有的干扰消除或干扰协调等技术手段处理干扰信号。尽管目前灵活双工可能受到频谱管理规则的限制，但若能通过技术手段有效控制其对其他系统的干扰，将会带来显著的效益。

（3）大规模天线。大规模天线（Massive MIMO）的基础是多输入多输出（MIMO）技术。MIMO技术是4G系统的核心技术之一，在4G网络中已经得到了广泛应用。3GPP R10能够支持8个天线端口，可在相同的时频资源上最多同时支持8个数据流传输。面对5G在传输速率和系统容量等方面的挑战，天线数目的进一步增加仍将是MIMO技术演进的重要方向。终端与基站相比，受尺寸、功耗甚至外形的限制更为严重，因此终端天线数目不能无限增加。为了进一步增加系统频谱效率，这就要求增加基站天线端口的数目，使其达到16、64、128，甚至更多。当MIMO系统中的发送端天线端口数目增加到上百甚至更多时，就构成了大规模天线系统。随着一系列关键技术的突破及器件、天线等技术的进一步发展，大规模天线技术将在5G系统中发挥更为重要的作用，成为5G的关键技术之一。

当基站侧的天线数目远大于用户侧的天线数目时，基站与各个用户的信道将逐渐趋向正交。在这种情况下，用户之间的干扰将趋于零，巨大的阵列增益将能够有效地提升每个用户的信噪比，从而能够在相同的时频资源上支持更多用户传输。通过利用大规模天线，基站可以在三维空间形成具有高空间分辨能力的高增益窄细波束，提供灵活的空间复用能力，改善接收信号强度并更好地抑制用户间干扰，从而实现更高的系统容量和频谱效率。因此，大规模天线技术在5G系统中备受关注。然而，推动大规模天线的实用化，满足其在灵活部署、易于运维等实际需求方面，仍面临着诸多挑战，主要体现在以下几个方面。

第一，天线的非理想特性。大规模天线应用的一个重要假设是信道具有互易性，这将会为系统设计带来巨大的便利以及容量的广泛提升。信道互易性从广义上看，是要求满足互易的信道的幅频响应是相同的；从狭义上看，是要求某些统计量相同，如参考信号接收功率（RSRP）。信道互易性假设能够减少信道反馈的开销，若完全依赖信道反馈，信令开销将非常巨大，系统设计也将变得异常复杂。针对大规模天线系统，信道互易性假设及其适用的范围，需要进行更深入的考虑。

第二，信道信息获取困难。大规模天线系统的频谱效率提升能力主要受制于空间无线信道信息获取的准确性。由于基站侧天线数目的大幅增加，且传输链路存在干扰，利用现有的导频设计及信道估计技术难以获取准确的瞬时信道信息，该问题成为大规模天线系统必须面临的挑战之一。

第三，多用户传输的挑战。在多用户 MIMO 系统中，多个配对用户可同时在相同的资源上传输数据。与单用户 MIMO 系统相比，多用户 MIMO 系统通过利用多天线的分集增益，可以提高系统传输的可靠性，同时利用多天线的复用增益，提高系统容量。最大允许的多用户数目的增加可以进一步提升系统传输速率，然而随着用户数量的增加，系统的计算复杂度也将大幅增加，主要体现在多用户配对和调度、多用户预编码等方面。

大规模天线技术的理论研究及初步性能评估、验证结果为我们描绘出了该技术在未来 5G 通信系统中的美好发展前景。在其从理论研究转向标准化、实用化的重要转折时期，存在的若干关键技术问题有待进一步深入研究和验证。

（4）高频段传输技术。传统移动通信系统的工作频段主要集中在 3GHz 以下，频率资源非常紧缺。未来的 5G 移动通信系统，无论是增强的移动宽带场景，还是海量的机器类通信场景以及低时延高可靠的物与物的通信场景，移动数据流量都将会暴增。面对 5G 数百亿级的设备连接数以及更高速率和带宽的需求，现有无线通信频谱资源愈加紧张，拥有更多频谱资源的 6GHz 以上的高频段通信越来越受到重视，成为研究的热点。高频段的使用能够有效缓解频谱资源紧缺的情况。6～100GHz 的高频段具有更加丰富的空闲频谱资源，可利用的频谱范围宽，传播方向性强，抗干扰性好，安全性高，频率复用性高。但高频段传播损耗较大，墙壁等障碍物的衰减很大，收发系统的频偏会较大。同时，由于高频段波长较短，要求元器件的尺寸也小，器件加工精度要求高。

从技术层面，ITU-R 已经完成了关于 6GHz 以上频段的研究报告，详细探讨了在此频段应用 IMT 技术的可行性以及相应的使能技术，包括有源和无源部件、天线技术以及部署架构等。

在频谱方面，部分国家和地区已经积极响应 WRC-19 的号召，为 IMT 分配相应的议题，以便研究未来 6～100GHz 频段 IMT 的候选频段，以满足 2020 年以后到 2030 年的 IMT 频谱需求。同时，ITU 也将在下一个研究周期内对相应的候选频段展开研究，并进行共存研究分析。

2. 5G 网络关键技术

（1）新型网络架构。数据业务爆发式的增长需求远远超过了人们的想象，当前的网络架构已经不能满足未来移动通信发展的需求。5G 将从基础设施平台和网络构架这两方面进行技术创新和协同发展，实现网络变革。

新型基础设施平台将引入互联网和虚拟化技术。实现基于通用设施的新型基础设施平台，关键技术是网络功能虚拟化（NFV）和软件定义网络（SDN）。NFV 实现网络与硬件分离，SDN 实现控制功能和转发功能的分离，控制功能的抽离和聚合有利于通过网络控制平面，实现网络连接的可编程。

引入与发展网络功能虚拟化（NFV）和软件定义网络（SDN）技术，将在移动网络中推动 5G 网络架构的革新，这种新型的 5G 网络架构分为 3 个功能平面：接入、控制和转发。其中，控制平面主要负责生成全局控制策略，而接入和转发平面则负责执行这些策略。5G 网络逻辑构架如下。

第一，接入平面。包括各种类型的基站和无线接入设备。基站间交互能力增强，组网拓扑形式丰富，实现快速灵活的无线接入协同控制和高无线资源利用率。

第二，控制平面。通过网络功能重构，实现集中的控制功能和简化的控制流程，以及接入资源和转发资源的全局调度。面向 5G 差异化的业务需求，通过按需编排的网络功能，提供可定制的网络资源和友好的能力开发平台。

第三，转发平面。包含用户面下沉的分布式网关，集成边缘内容缓存和业务流加速等功能。在集中的控制平面的统一控制下，数据转发效率和灵活性得到极大提升。

5G 网络部署将最终呈现“一个逻辑架构、多种组网架构”的形态，通过切片技术从统一的基础架构出发，按需构建不同的逻辑网络实例。这些不同的网络切片将实现逻辑隔离，而相同切片中的网络功能将在相同的位置共享相同的软硬件平台。

（2）超密集组网（UDN）。超密集组网是满足 2020 年以及未来移动数据流量需求的主要技术手段。UDN 通过更加“密集化”的无线网络基础设施部署获得更高的频率复用，从而在局部热点区域实现百倍量级的系统容量提升。典型的 UDN 场景包括：办公室、聚居区、闹市、校园、体育场和地铁站等。

UDN 网络架构在概念上由接入点、接入网络服务中心和核心网络服务中心构成。在面向未来的技术发展中，接入点和接入网络可以通过下一代前传接口（NGFI）实现云无线接入网（C-RAN）。但是，持续的网络密度提升将带来新的挑战，如干扰、移动性、回传资源、设备成本等。为满足典型应用场景的要求，并克服这些挑战，接入和回传联合设计、干扰管理和抑制技术、小区虚拟化技术将是 UDN 部署需要重点考虑的问题。

第一，接入和回传联合设计。回传技术包括以下几种。①混合分层回传：在架构中对不同小区进行层标号。第一层由宏小区和小小区组成，由有线链路进行连接；第二层的小小区通过单跳无线传输与第一层的小区相连；第三层及之后各层与第二层的情况类似。在此框架下，有线与无线回传相结合，实现即插即用的网络架构。②多跳多路径的回传：在回传小基站与相邻小基站之间进行多跳路径的优化选择、多路径建立和多路径承载管理、动态路径选择、回传和接入链路的联合干扰管理和资源协调，可为系统容量带来明显的增益。③自回传：自回传是无线回传的主要形式。自回传技术的显著特征是接入和回传链路通过时分/频分复用共同使用相同的频率资源。同时，接入和回传链路的资源分配更加灵活，因此接入回传联合优化可大幅提升资源的有效利用率。④灵活回传：是提高超密集网络回传能力的有效且经济的解决方案。通过灵活利用系统内所有可用的网络资源，以及灵活调整网络拓扑和回传策略以适应网络资源和业务负载的变化，同时灵活分配回传和接入链路网络资源，以提高端到端的传输效率。此方案能够在较低的部署和运营成本下满足网络端到端的业务质量要求。

第二，干扰管理和抑制技术。干扰管理和抑制技术可分为两种：基于接收机的方案和基于发射机的方案。对于下行链路，基于接收机的干扰消除方案需要小区之间的协作，各相邻小区间需要交互干扰信息。在用户端，需要使用非线性算法进行处理。对于上行链路，基于接收机的干扰消除技术只需在基站端进行操作，与协作多点传输技术 CoMP 类似。在基站端，中控设备可实现小区间的信息/数据交互。传统的 ICIC 技术通常采用基于发射机的干扰消除。更进一步，下行链路 CoMP 可被认为是 ICIC 的一种实现方式。相比于分布式协作，中心化协作的增益更高，收敛速度更快。

第三，小区虚拟化技术。小区虚拟化技术包括以下几种。①以用户为中心的小区虚拟化技术：是指打破小区边界限制，提供无边界的无线接入，围绕用户建立覆盖、提供服务。虚拟小区随着用户的移动快速更新，并保证虚拟小区与终端之间始终有较好的链路质量，使得用户在超密集部署区域中无论如何移动，均可以获得一致的高 QoS/QoE。②虚拟层技术：由密集部署的小基站构建虚拟层和实体层网络，其中虚拟层承载广播、寻呼等控制信令，负责移动性管理；实体层承载数据传输，用户在统一虚拟层内移动的时候，不会发生小区重选或切换，从而实现用户的轻快体验。③软扇区技术：由集中式设备通过波束赋形等手段形成多个软扇区，可以降低大量站址、设备、传输带来的高成本；同时可以提供虚拟软扇区和物理小区间统一的管理优化平台，降低运营商维护网络的复杂度，是一种易部署、易维护的轻型解决方案。

（3）软件定义网络（SDN）。SDN 最早由美国斯坦福大学提出，其设计理念是在网络设备中只保留简单的数据转发功能，通过集中控制以软件编程的方式实现对网络设备的控制。SDN 并不是一个具体的技术，而是一种新型网络架构，是一种网络设计的理念。目前广泛认可的 SDN 定义可概括为“控制/转发分离，简化的数据（转发）面，集中的控制面，软/硬分离、网元虚拟化及可编程的网络架构”。根据开放网络基金会（ONF）的规定，SDN 应具有以下 3 个特性：控制面与转发面分离，控制面集中化，开放的可编程接口。SDN 的典型架构分为应用层、控制层、数据转发层（转发层）3 个层面。应用层包括各种不同的业务和应用，以及对应用的编排和资源管理；控制层负责数据平面资源的处理，维护网络状态、网络拓扑等；数据转发层则处理和转发基于流表的数据，以及收集设备状态。

基于 SDN 思想，核心网网关设备的控制功能和转发功能将进一步分离，网络向控制功能集中化和转发功能分布化的趋势演进。控制和转发功能分离后，转发面将专注于业务数据的路由转发，具有简单、稳定和高性能特性，以满足未来海量移动流量的转发需求。控制面通过逻辑方式实现统一的策略控制，以确保灵活的移动流量调度和连接管理。控制面与转发面的分离使得网络架构更加扁平化，并允许采用分布式部署方式来有效降低业务传输时延。控制面功能和转发面功能的独立演进，进一步提高了网络整体的灵活性和效率。

（4）网络功能虚拟化（NFV）。NFV 源于运营商在通用信息化平台上通过软件实现网元功能替代专用平台，从而降低网络设备成本的思想。NFV 实质上是将网络功能从专用硬件设备中剥离出来，实现软件和硬件解耦后的各自独立，基于通用的计算、存储、网络设备并根据需要实现网络功能及其动态灵活的部署。

NFV 是从运营商角度出发提出的一种软件和硬件分离的架构，将虚拟化技术引入到电信领域，采用通用平台来完成专用平台的功能。NFV 能实现软件的灵活加载，从而可以在数据中心、网络节点和用户端等不同位置灵活地部署配置，加快网络部署和调整的速度，降低业务部署的复杂度，提高网络设备的统一化、通用化、适配性等。由此带来的好处主要有两个：标准设备成本低廉，能够节省部署专用硬件带来的巨大投资成本；网络更加灵活。

（5）网络切片。为了满足广泛的业务与应用需求，5G 将借助逻辑资源帮助运营商构建面向不同业务的基础网络架构，这种网络服务将实现按需组网。其中，灵活的网络切片技术是实现按需组网的一种途径。网络切片利用虚拟化技术，根据场景需求将 5G 网络的物理基础设施资源虚拟化为多个相互独立、平行的虚拟网络切片。每个网络切片都会依据业务场景的需求和话务模型进行网络功能的定制裁剪，并进行相应网络资源的编排管理。可以将一个网络切片视作一个实例化的 5G 核心网架构，在该架构内，运营商可以按照需求对虚拟资源进行灵活分割，并按需创建子网络。

网络编排功能实现对网络切片的创建、管理和撤销。运营商首先根据业务场景需求生成网络切片模板，切片模板包括了该业务场景所需的网络功能模板、各网络功能模板之间的接口以及这些功能模板所需的网络资源。然后，网络编排功能根据网络切片模板申请网络资源，并在申请到的资源上进行实例化创建虚拟网络功能模块和接口。网络切片划分和网络资源分配是否合理，可以通过大数据驱动的网络优化来解决，从而实现自动化运维，及时响应业务和网络变化，保障用户体验和提高网络资源利用率。

思考练习：

1. 移动通信的传输方式主要有哪些？
2. 详细论述信道编码目的以及分类的要点。
3. 5G 移动通信的关键技术有哪些方面？

参考文献

[1] 曾柏羲，宋鸿陟，司国东. 基于B/S结构的多终端交互式幻灯片演示系统［J］. 现代电子技术，2018，41（4）：18-22.

[2] 郭丞. 卫星通信系统轨道类型研究［J］. 中国高新科技，2015（18）：10-11.

[3] 黄卫东，岳中刚. 物联网核心技术链演进及其产业政策研究［J］. 中国人民大学学报，2011，25（4）：47-53.

[4] 纪越峰. 现代通信技术［M］. 5版. 北京：北京邮电大学出版社，2020.

[5] 姜帆. 移动通信技术发展趋势与展望探讨［J］. 电子测试，2019，（10）：127-128.

[6] 姜云峰. 光通信系统中补偿系统研究［J］. 中国电子商务，2014（14）：28.

[7] 靳亚敏. 多媒体教育信息通信平台设计［J］. 现代电子技术，2018，41（24）：57-60.

[8] 康万杰. 智能物联网背景下多媒体通信关键技术分析［J］. 物联网技术，2022，12（4）：44-46.

[9] 刘新红. 一种基于包络检测的ASK调制解调电路设计［J］. 现代电子技术，2014（6）：35-38.

[10] 刘增，陈劲，佟颖，等. 数字基带信号直接传输系统的研究与设计［J］. 天津师范大学学报（自然科学版），2018，38（1）：51-55.

[11] 刘志龙，张淋江，杜远坤. 光通信系统的加密机制研究［J］. 激光杂志，2019，40（2）：82-85.

[12] 龙灿. 短波通信系统发展及关键技术［J］. 数字化用户，2018，24（6）：162.

[13] 卢麟. 光通信系统与网络［M］. 北京：国防工业出版社，2021.

[14] 彭木根. 物联网基础与应用［M］. 北京：北京邮电大学出版社，2019.

[15] 企想学院. 物联网应用基础［M］. 北京：中国铁道出版社有限公司，2021.

[16] 任国春. 短波通信原理与技术［M］. 北京：机械工业出版社，2020.

[17] 任国春. 现代短波通信［M］. 北京：机械工业出版社，2020.

[18] 孙运来. 数字通信系统［M］. 北京：中国铁道出版社，2011.

[19] 王俊涛，林敏，王增和. 固定无线接入系统对卫星地球站的干扰分析［J］. 现代电子技术，2010，33（7）：14-16，20.

[20] 王科峰. 多媒体通信终端技术与相关标准 [J]. 黑龙江科技信息, 2015 (24): 180.

[21] 王丽娜, 王兵. 卫星通信系统 [M]. 2 版. 北京: 国防工业出版社, 2014.

[22] 王维, 易禾. 无线网络光纤通信路由器安全性能优化设计 [J]. 计算机仿真, 2017, 34 (9): 187-190.

[23] 王兴亮, 高利平. 现代通信系统新技术 [M]. 2 版. 西安: 西安电子科技大学出版社, 2017.

[24] 王勇, 胡以华. UWB 卫星通信系统与窄带系统互扰分析 [J]. 电路与系统学报, 2013, 18 (2): 326-330, 336.

[25] 王中旗, 崔高峰, 王卫东, 等. 5G 卫星通信系统频偏估计算法 [J]. 电讯技术, 2022, 62 (1): 97-102.

[26] 文仲慧. 物联网的核心技术和信息安全 [J]. 中国高新科技, 2017, 1 (3): 9-14.

[27] 肖荣建, 刘亚. 宽带卫星通信系统中呼叫协议的设计与应用 [J]. 南开大学学报 (自然科学版), 2022, 55 (4): 14-19.

[28] 谢正兰, 谢箭. 考虑环境时变性的光通信系统安全路由方法 [J]. 激光杂志, 2022, 43 (10): 111-114.

[29] 杨爱敏. 移动通信系统 [M]. 北京: 机械工业出版社, 2014.

[30] 杨诺, 胡必玲, 黄志炜. 基于物联网核心技术的智能考勤系统 [J]. 物联网技术, 2016, 6 (10): 85-89.

[31] 张永等. 现代通信系统 [M]. 北京: 国防工业出版社, 2022.